U0179976

# 白茶
# 密码

郝连奇 主编

WHITE TEA
CODE

华中科技大学出版社
http://press.hust.edu.cn
中国·武汉

图书在版编目(CIP)数据

白茶密码/郝连奇主编. —武汉:华中科技大学出版社,2023.3
ISBN 978-7-5680-9282-1

Ⅰ.① 白…　Ⅱ.① 郝…　Ⅲ.① 茶叶-基本知识　Ⅳ.① TS272.5

中国国家版本馆 CIP 数据核字(2023)第 049949 号

白茶密码
Baicha Mima

郝连奇　主编

策划编辑:杨　静
责任编辑:陈　然
封面设计:年迹茶业(勐海)有限公司
责任校对:王亚钦
责任监印:朱　玢
出版发行:华中科技大学出版社(中国·武汉)　　电话:(027)81321913
　　　　　武汉市东湖新技术开发区华工科技园　　邮编:430223
录　　排:华中科技大学出版社美编室
印　　刷:湖北金港彩印有限公司
开　　本:710mm×1000mm　1/16
印　　张:16
字　　数:224 千字
版　　次:2023 年 3 月第 1 版第 1 次印刷
定　　价:108.00 元

**本书编写人员**

主　编：郝连奇

副主编：方华进　欧光权　侯　钊　朱雪松

参　编：（以姓氏笔画为序）

马丹妮　刘倩倩　李　鹤　吴学进　张　根

张徐杨　张豪杰　谢　冉

**郝连奇** | 年迹年份茶研究中心

研究员，1996年毕业于安徽农业大学茶业系，硕士，中国
茶叶学会理事，北京小罐茶业有限公司副总裁、首席技术官。
被安徽农业大学茶与食品学院及多所大学聘为客座教授。主
要著作有《茶叶密码》《普洱帝国》《中国茶叶产品标准》。
是一名从事茶学研究、工艺生产和茶文化科普的茶业工作者。

# 序言一

　　白茶为我国六大茶类之一，源于福建，属微发酵茶，具有独特的风味品质（毫香蜜韵）和保健功效（解毒、退热、降火等），过去 15 年产量倍增，成为发展最快的茶类，目前已有 14 个省份生产白茶。据中国茶叶流通协会统计，2021 年白茶产量达 7.05 万吨，农业产值 75.2 亿元。白茶从 20 世纪默默无闻地以出口为主，到现在产销两旺，时间不长，因此许多消费者非常渴望提升对于白茶的认知。值此之际，郝连奇先生的著作《白茶密码》编著完成，以"探究"二字贯穿全书，在众说纷纭中，寻找白茶真相。

　　从 2015 年开始，郝连奇先生开始潜心学习白茶的加工工艺，尝试在不同产区，用不同的茶树品种，设定不同的加工参数制作白茶。清代周亮工的《闽小记》载："白毫银针，产太姥山鸿雪洞，其性寒凉，功同犀角，是治麻疹之圣药。"而成就白茶风味和保健功能的物质基础则应归功于白茶中丰富的次级代谢产物。郝连奇先生以简洁易懂的彩色插图梳理了白茶产生的历史，展示了白茶加工的各个环节、白茶品质形成的原因以及白茶功能性成分产生的基础原理，是普及饮茶知识非常有益的尝试。全书内容系统、层次清晰、富有逻辑、图文并茂、文字精练、通俗易懂。特别值得一提的是，郝连奇先生在书中将白茶的精制与再加工环节进行了梳理，将各个环节娓娓道来，讲述了什么是白茶中的杂质、杂质对人有哪些精神上和身体上的影响，以及主要的除杂设备及除杂能力分析，并以卡通图画的形式展现了除杂设备的工作原理，通过测试数据分析其除杂能力，画面简单明了，把艰深难懂的专业知识以图文并茂的方式进行解读，让大众了解平时看不到的车间装置，实属难得。

　　该书作为一本白茶的科普读物，解答了白茶生产实践中的诸多具体问题，试图通过深入探究一些共性及规律性的知识，供茶叶工作者参考借鉴，为推动我国白茶产业的健康有序发展做出了自己的贡献。

孙威江

于福建农林大学

2023 年 2 月 2 日

# 序言二

如果说中国茶叶是一幅多姿多彩的画卷，那么白茶无疑就是那一抹清新素雅的色彩。于是，关于白茶的历史与现在、传承与创新，就在这画卷中徐徐展开。

白茶起源于中国，是中国六大茶类之一，是中国向世人奉献的珍贵饮品。在 220 多年的发展过程中，白茶产业几经起伏，曲折向前发展。近几年白茶产业快速发展，以强势的姿态席卷全国，从外销为主转为内销，引领市场消费热潮，产业发展方兴未艾。

当前中国茶产业发展正处于转型升级的关键阶段，坚持绿色发展，加强基础建设，创新消费服务，强化品牌引领，激发市场潜能，扩大消费领域，这是我国茶产业新时期的主要发展方向。白茶在三大领域有极强的创新潜力：一是加大对工艺的研究，弄清楚萎凋与干燥关键工艺，实现产业的提质增效；二是对保健功能的研究，掌握白茶中起保健功能的活性物质及其相互作用；三是做好生态茶园建设与发展。

随着白茶产业的快速发展，关注白茶、经营白茶、消费白茶的群体在日益扩大，急需一个甚至更多能够打通历史、文化、生产、消费等多环节的有效载体，从白茶的前世今生、茶树品种、茶园管理、加工工艺、品质鉴赏、功能成分及公共品牌不同层面满足社会各界的多重需求。

《白茶密码》一书分为八个章节，将专业知识化繁为简，以通俗易懂的方式娓娓道来，让人耳目一新，是作者饱含真情、潜心探究的佳作，相信该书会让更多的人走进白茶世界，并感知白茶，了解白茶，喜欢白茶。

凡是过往，皆为序章。中国茶文化从历史走向未来，伴随着时代的发展，历久弥新，得益于众多有志者、用心人持之以恒的艰辛付出，这种探索与努力，也必将推动中国茶文化进一步发展。

是为序。

高峰

于福建省农业农村厅

2023 年 2 月 7 日

# 写给读者的话

白茶具有清甜醇爽的口感，品饮起来非常适口，可以说是老少皆宜，而且还有老白茶这一品类的加持，"一年茶，三年药，七年宝"，让白茶圈粉无数。尤其是2018年5月1日，白茶国家标准的发布实施，使白茶从有保质期变成了在符合贮存条件下可长期保存，改变了白茶的属性，成就了白茶的江湖地位，于是乎"天下一片白"。似乎茶叶的生产者和经营者在供大于求的茶叶市场中找到了一条新路径，于是各地白茶加工兴起。

从中国茶叶流通协会统计的数据看，2010年白茶总产量1.22万吨，2018年首次突破3万吨，可以说白茶市场从2018年至今一路高歌，到2021年产量破8万吨。

| 年份 | 白茶产量(万吨) | 全国茶叶年产量(万吨) | 白茶产量占比(%) |
|------|----------------|----------------------|-----------------|
| 2010 | 1.22 | 147.50 | 0.8 |
| 2011 | 1.43 | 162.30 | 0.9 |
| 2012 | 1.02 | 179.00 | 0.6 |
| 2013 | 1.16 | 192.40 | 0.6 |
| 2014 | 1.57 | 209.20 | 0.8 |
| 2015 | 2.20 | 227.66 | 1.0 |
| 2016 | 2.25 | 231.33 | 1.0 |
| 2017 | 2.52 | 246.04 | 1.0 |
| 2018 | 3.37 | 261.04 | 1.3 |
| 2019 | 4.96 | 279.34 | 1.8 |
| 2020 | 7.35 | 298.60 | 2.5 |
| 2021 | 8.19 | 306.32 | 2.7 |

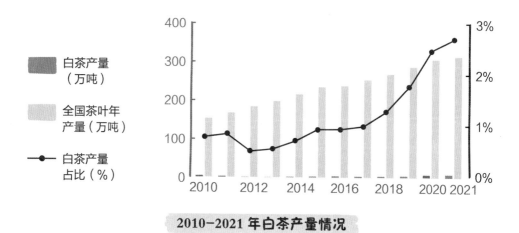

400 · 3%
300 · 2%
200 · 1%
100
0 · 0%
2010 2012 2014 2016 2018 2020 2021

**2010-2021 年白茶产量情况**

从数据看，近几年白茶的产量逐年增加。随着产量的增加，白茶消费量也随之增大。各个产茶区几乎都开始生产白茶，由于加工白茶的技术水平参差不齐，很多地区的白茶品质不容乐观。

在六大茶类里，白茶的加工工艺是比较独特的。它不像其他茶类，在绿茶加工的基础上增减工艺，白茶的工艺自然、直接。很多人错误地认为白茶工艺流程少，制作简单。笔者走访调查了各产区的白茶生产情况，认为白茶的品质问题，不仅仅是加工工艺的问题，更重要的是对白茶的认知问题。大多数地区的生产者没有专业学习过白茶加工工艺，认为白茶的工艺最简单，鲜叶采回来，放到室内萎凋，达到七八成干，拉出去一晒就大功告成了。有的产区的加工工艺更简单，把采回来的鲜叶摊放到晒棚，直至干透即可。认知的简单导致工艺的粗暴。其实制作白茶风险大，白茶茶叶"天热变红，天冷变黑"。各地如何根据所在地的自然条件找到适合的工艺，加工出优质白茶，显得尤为重要。

从 2015 年开始，笔者开始潜心学习白茶的加工工艺，尝试在不同产区，用不同的茶树品种，设定不同的加工参数制作白茶。在无数次的实验对比后，笔者发现，无论是在萎凋、干燥、洁净环节，还是在压制、贮存环节，白茶的品质都有很大的变数。每一个工艺参数的改变都会影响白茶的品质，而这些参数又是环环相扣的，要找到这些参数的内在规律实非易事。为此笔者查阅了大量关于白茶的文献，并结合多位制茶师傅和多位白茶品牌企业创始人的经验，逐渐理清了思路，并将研究成果汇编成此书。希望能为白茶生产企业、经营者以及消费者和广大白茶爱好者提供些许帮助。

· 本书共分为八章，第一章和第八章的标题里都有"探究"二字：探究白茶是出现在神农时期、宋代，还是明清；探究是先有福鼎大白，还是先有政和大白；探究哪些茶树品种更适合做白茶；探究不同产地的白茶工艺特点和品质特征。在众说纷纭中，努力寻找真相。第二章到第七章的标题里都有"密码"二字，与书名《白茶密码》相呼应，其实用"密码"这个词与当时写《茶叶密码》的用意一样，权且为引起读者的兴趣。

本书解答了生产实践的很多具体问题，比如白茶里面含有什么与众不同的物质？选择哪种萎凋方式好？萎凋的三要素对白茶品质有何影响？干燥时间与干燥温度如何黄金组合？如何快速除杂？紧压白茶的品质如何与压制参数相对应？还有白茶市场的一些热点问题，比如什么样的贮存条件才有利于白茶的转化？老白茶有何独特的保健作用？笔者试图通过一些共性、规律性的东西，为各地茶企进行规模化生产、品质化生产提供一些帮助，推动我国白茶产业健康有序地发展。

本书的价值是从萎凋、干燥、洁净、压制、贮存等各项工艺的各种参数设计中解释白茶内含物质的变化，又在内含物质的变化规律中反推参数的设计，核心是解决白茶的品质问题。

笔者认为，白茶的表象是色香味形等品质特点，真相是萎凋、干燥、精制、贮存的参数设计，本质是内含物质的种类、含量和配比。

本书为一本白茶的科普读物，由于编者水平有限，书中可能会有错误或不妥之处，衷心希望广大同仁批评指正。

郝连奇

2022 年 5 月 18 日

# 目　录

# 白茶的历史探究

# 一、六大茶类的产生

几千年来，中国茶经历了从咀嚼鲜叶、生煮羹饮、晒干收藏、蒸青做饼、炒青散茶，到白茶、黄茶、黑茶、乌龙茶、红茶等多种茶类的发展过程。

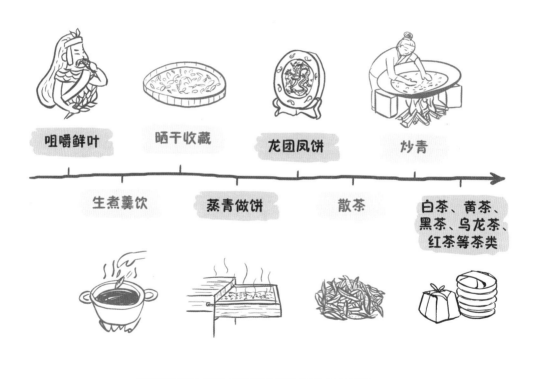

咀嚼鲜叶　　　晒干收藏　　　龙团凤饼　　　炒青

生煮羹饮　　　蒸青做饼　　　散茶　　　白茶、黄茶、黑茶、乌龙茶、红茶等茶类

从神农尝百草至清代，六大茶类已齐全

## 1. 咀嚼茶树鲜叶

中国是茶的故乡。茶的发现和使用,相传起源于神农时代。人类以茶为食、为药。我国战国时期的第一部药物学专著《神农本草经》中就有"神农尝百草,日遇七十二毒,得茶而解之"的记载。人类食用茶叶,最早是从咀嚼茶树鲜叶开始的,进一步发展便是生煮羹饮,将剩余的鲜叶晒干收藏。

## 2. 从生煮羹饮到晒干收藏

《晏子春秋》记载："婴相齐景公时，食脱粟之饭，炙三弋五卵，茗菜而已。"说的是春秋时，晏子作为齐国的相国，饮食非常简朴，吃糙米饭，除了几样荤菜外，只有茶和蔬菜，类似今人的粗茶淡饭。

号称辞书之祖的《尔雅》，成书于战国或两汉之间。《尔雅·卷九·释木第十四》记载："槚，苦荼。"晋人郭璞在《尔雅注》中，对"槚"字进一步解释道："树小如栀子，冬生叶，可煮作羹饮。今呼早采者为茶，晚取者为茗。一名荈，蜀人名之苦荼。"这应是早期对茶树形态、茶叶采制及饮用的最可靠记载。

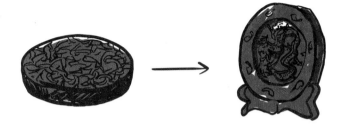

### 3. 从蒸青造形到龙团凤饼

三国张揖的《广雅》记载："荆巴间采茶作饼，成以米膏出之，若饮先炙令色赤，捣末置瓷器中，以汤浇覆之，用姜葱芼 [máo]……"说明当时的饮茶方式是先把茶饼炙烤一下，捣成茶末后放入瓷碗中，然后冲入开水，喝时还要加些葱、姜等调料。

唐代陆羽的《茶经》记载："晴，采之，蒸之，捣之，拍之，焙之，穿之，封之，茶之干矣。"这是蒸青绿茶最早，也是最完善的工艺记载。

最初的制茶工艺是将茶叶先做成饼，然后晒干或烘干。到了唐代，蒸青做饼茶的制法已逐渐完善，最著名的是顾渚紫笋（今浙江长兴）、阳羡茶（今江苏宜兴）等贡茶。到了宋代，北苑生产的龙团凤饼的制作工艺尤为精湛。

据宋代熊蕃《宣和北苑贡茶录》记载："太平兴国初，特制龙凤模，遣使即北苑造团茶，以别庶饮，龙凤茶盖始于此。"北苑为设在福建建安（今福建建瓯）的贡茶园。自宋代开始，随着气候的变化，茶业重心逐渐南移，福建、岭南茶业相继兴起。

## 4. 从团饼茶到散茶

唐代制茶以团饼茶为主，尚有粗茶、散茶、末茶；到了北宋时期，以片茶（饼茶）为主，南宋则以散茶、末茶为主；明代，明太祖朱元璋下诏"罢造龙团，惟采茶芽以进"，从此蒸青散茶大为盛行。

## s. 从蒸青到炒青

在唐代，茶叶虽然是以蒸青团茶为主，但那个时代也出现了炒青。刘禹锡的《西山兰若试茶歌》中所写的"斯须炒成满室香""自摘至煎俄顷余"，讲的就是这种炒青茶。诗歌详尽地描写了茶叶从采摘到炒成、烹煮的整个过程，以及炒青的好处。

唐宋时期以蒸青茶为主，但炒青茶技术也开始萌芽，经过元代的进一步发展，炒青茶逐渐增多。到了明代，炒青制法日趋完善，先后产生了不少外形、内质各具特色的炒青绿茶，如徽州的松萝茶、杭州的龙井茶等。

## 6. 从绿茶发展到其他茶

①黄茶产生可能是由绿茶制法掌握不当演变而来。

②明代中期开始有黑茶的制作。

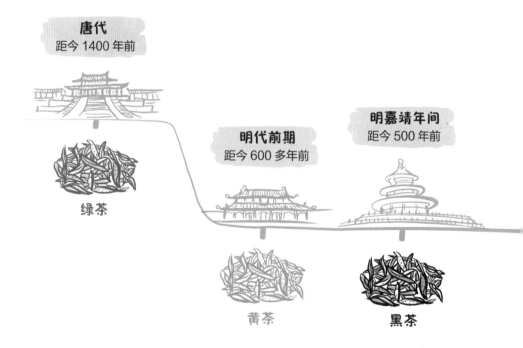

唐代
距今 1400 年前

绿茶

明代前期
距今 600 多年前

明嘉靖年间
距今 500 年前

黄茶

黑茶

③白茶真正出现是在明代。明代田艺蘅所著《煮泉小品》中详细记载了白茶的加工工艺。

④最早的红茶是福建崇安的小种红茶，自小种红茶创制以后，逐渐演变产生了工夫红茶，因此工夫红茶创始于福建，后来传至江西、安徽等地。

⑤乌龙茶最早于福建创制，始于清初。清代六大茶类已齐全。

⑥从素茶到花香茶，宋代已有花茶加工萌芽；明代趋于完善；清代咸丰年间福州成为花茶商品基地。

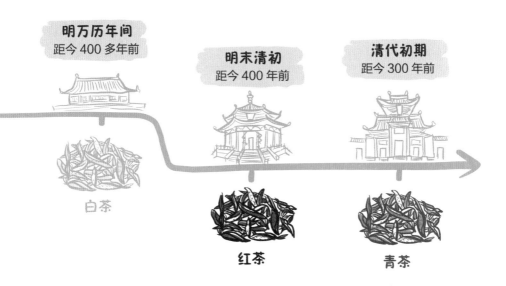

# 二、白茶的产生

关于我国六大茶类的起源时间，学术界历来认为，最先出现的是绿茶，然后依次是黄茶、黑茶、白茶、红茶、青茶。这就是说，在绿茶制法问世之前的两千多年的历史长河中，我国的茶叶生产均属于非正式的生产，没有科学性，不能单独分门别类，自成体系。在唐代发明了蒸青团茶的绿茶制法以后，才逐步形成其他茶类制法。

唐代陆羽《茶经》中记载的"永嘉县东三百里有白茶山"是指茶树品种。宋代赵佶《大观茶论》中出现的"白茶"，其实是早期产于北苑的野生白茶树，采制方法是蒸压而成团茶，非现代白茶；宋子安的《东溪试茶录》将"白茶"列为茶叶七个品类之一，这里的"白茶"也是指茶树品种，不是白茶制法。这与现代武夷山的白鸡冠、浙江的安吉白茶、宁波的印雪白茶相似，都是指叶片白化的茶树。

只有按照萎凋、干燥这样的工艺制出来的茶，才叫做白茶。大白茶树品种的发现并不能代表白茶这一茶类的出现，即使古人称之为白茶，也与现在所指的白茶不同。大白茶树品种的发现与白茶的创制是两码事，不能混为一谈。

**从茶叶制法的角度**

陈椽教授在《茶业通史》中指出："近代白茶是指由大白茶树种采制的茶。大白茶树的芽叶和梗都披有很多白毛，是其他品种所少见的；树态较一般的小叶树高大，所以得名。"

大白茶树最早发现在福建省政和县。《政和县志》记载："清咸同年间草茶最盛，均制红茶，以销外洋。嗣后逐渐衰落，邑人改植大白茶。"说明光绪前就有大白茶。

政和大白茶树的起源有两种传说：一说，光绪五年（1879年）铁山乡农民魏春生院中野生一棵树，初未注意，后来墙塌压倒，自然压条繁殖，衍生新苗数株，很像茶树，遂移植铁山高仑山头；一说，咸丰年间，铁山乡堪舆者走遍山中勘觅风水，一日在黄山无意间发现一丛奇树，摘数叶回家品尝，味道和茶叶相同，就压条繁殖，长大后嫩芽肥大，制成茶叶，味道很香。由于生长迅速，人们争相种植，白茶逐渐推广。

福鼎大白茶树，传说是光绪十一年或十二年（1885年左右）林头乡陈焕在太姥山峰发现而移植到住宅附近山上的。到底是当地野生的，还是从政和传去的，无法断定。

大白茶树自古有之。宋赵佶《大观茶论》记载："白茶自为一种，与常茶不同，其条敷阐，其叶莹薄，崖林之间，偶然生出。盖非人力所可致。正焙之有者不过四五家，生者不过一二株。"于是白茶遂为第一。白茶与当时的一般茶树不同，就像现在的大白茶树与小茶树有很大区别一样。当时的白茶可能就是今天的大白茶种。

若以制法而论,白茶至少起源于 1554 年前。

关于白茶制法的最早文字记载是明代田艺蘅所著《煮泉小品》:"芽茶以火作者为次,生晒者为上,亦更近自然,且断烟火气耳,况作人手器不洁,火候失宜,皆能损其香色也。生晒茶瀹之瓯中,则旗枪舒畅,清翠鲜明,尤为可爱。"意思是:把鲜叶直接放在日光下晒干,比用火烘干品质好,而且更接近自然品质状态,不但没有烟火气味,还能避免因人手和器具不干净以及制茶火候不适宜而影响茶叶的香气和色泽。将生晒的茶叶放在茶杯中煮,芽叶舒展,清翠鲜明,深受人们喜爱。其中"生晒者为上,亦更近自然"就是白茶的加工方法。白茶的诞生,是以明代田艺蘅所著《煮泉小品》为重要依据的。

生晒者为上,亦更近自然

明代闻龙在《茶笺》中进一步阐述："田子蓺以生晒不炒不揉者为佳，亦未之试耳。"不炒不揉正是当今白茶制法的特点。明朝陆应阳在《广舆记》中写道："福宁州太姥山出名茶，名绿雪芽。"清代周亮工的《闽小记》、郭柏苍的《闽产录异》、吴振臣的《闽游偶记》、邱古园的《太姥山指掌》都有关于绿雪芽的记载。民国卓剑舟著《太姥山全志》时考证出："绿雪芽，今呼白毫，色香俱绝，而尤以鸿雪洞产者为最，性寒凉，功同犀角，为麻疹圣药，运售国外，价与金埒。"

福鼎还有一个传说，太姥山古名才山，尧帝时有一位蓝姑在此居住，以种蓝为业，她为人乐善好施，深得人心。她将所种的绿雪芽作为治麻疹的良药，救活很多小孩。人们感恩戴德，把她奉为神明，称她为太母，这座山也因此被命名为太母山。到汉武帝时，皇帝派遣侍中东方朔到各地授封名山，太母山被封为天下三十六座名山之首，并正式改名为太姥山。白茶的诞生与福鼎民间流传的太姥娘娘传说不谋而合。太姥山周边的原住民和僧侣们，由于缺乏与外界的交流，至今仍沿用晒干或阴干方式制茶自用。山民这种自制的土茶，俗称"畲泡茶""白茶婆"。

太姥娘娘

太姥山

# 三、白茶产生探究

## 1. 白茶起源于何时

### （1）白茶是最早出现的茶类之说。

中国是茶的故乡，茶的发现和使用，相传起源于神农时期。人类以茶为食为药，经历了咀嚼鲜叶、生煮羹饮、晒干收藏等阶段。白茶的制法就是采下鲜叶，自然晾干、晒干，最后收藏。由于远古时代，没有文字记载，白茶栽培面积小，产量有限，也没引起重视。白茶从神农时期的药用开始一直沿用到现代，制法基本没变，比绿茶诞生还要早 2000 多年。依此推论，白茶是六大茶类中出现最早的茶类。

杨文辉依据现有的史料和我国关于茶叶分类的方法进行了分析，认为古代从野生大茶树上采摘鲜叶晒干贮藏的方法与《煮泉小品》中记述的白茶制法，即鲜叶直接在日光下晒干的制法没有实质性区别，方法的一致性决定了制作过程中理化性质的相似性，符合制法系统性和品质系统性的分类方法，所以白茶是我国最早出现的茶类。

**（2）白茶起源于神农时期之说。**

虽然学术界历来认为，白茶最早出现在 1554 年，依据是田艺衡在 1554 年写的《煮泉小品》中有关于白茶制法的记载。但有很多学者发表论文，认为此说的可靠性值得商榷。根据现有史料和我国现行的茶叶分类方法，即以制法的系统性和品质的系统性作为依据的分类方法，白茶不是起源于 1554 年，而是在绿茶制法发明之前的鲜叶晒干时代，即我国最早出现的不是绿茶，而是白茶。主要原因有两个：其一，古代劳动人民为贮藏茶叶而从野生茶树上采摘鲜叶晒干的方法，与田艺衡的记述相同，也与现今的白茶制法相似，属白茶制法。其二，在绿茶制作方法发明之前，我国饮茶已很普遍，并出现了茶叶贸易，这类商品茶是白茶，不是无名茶。

**（3）白茶起源于宋代之说。**

很多学者认为，我国最早创制的茶叶是白茶类，但究竟始于何时何地，由于缺乏史料依据，尚难得出肯定的结论。随着吕氏家族墓的发掘，有人提出白茶的起源应该在宋代。

2010 年 3 月 2 日，陕西省考古研究院研究员张蕴证实，2009 年，中国考古六大新发现之一的蓝田吕氏家族墓地，共出土了数十件茶具的渣斗，其中一件铜质渣斗内发现了距今 1000 年的珍贵茶叶，大约有 30 根。经过考证，考古工作者初步认为这些茶叶是产自福建的珍贵白茶。墓地共计埋葬五代吕氏族人，史学家们推断这五代人应该生活在宋神宗熙宁七年（1074 年）至宋徽宗政和元年（1111 年）。由此推断，白茶在宋代就已经出现了。

**（4）白茶起源于明代之说。**

白茶工艺起源于明代，这一观点备受大多数学者推崇，因为明代田艺蘅所著《煮泉小品》明确记载了白茶的加工工艺，这也是有关白茶制法的最早文字记载。闻龙《茶笺》记载："田子蓺以生晒不炒不揉者为佳，亦未之试耳。"说明当时的白茶制法与现在的白茶制法完全相同。

## 2. 白茶起源于何地，最早出现的又是哪个品种

白茶是从古代绿茶的三色细芽、银丝水芽和明朝的白毫小种红茶（俗称"白尾工夫"）发展而来的。田艺蘅说"不炒不揉者为佳"，也是对工艺改革的一个贡献。

白茶最早的花色品种应该是白毫银针，白毫银针最早应该出现在福鼎。据《福建省志》等记载，白茶早先由福鼎创制于清嘉庆元年（1796 年）。但是也有学者有不同观点。

陈椽教授研究认为，白茶最初是指"白毫银针"，简称银针或白毫，古时称芽茶。后来发展到白牡丹、贡眉和寿眉。银针是大白茶的肥大嫩芽制成的，形如针，色白如银，故名银针。明田艺蘅《煮泉小品》记载："芽茶以火作者为次，生晒者为上。"不仅说明很早就有芽茶，而且指出了两种制法的好坏。

福鼎出产银针，据传是陈焕在光绪十一年（1885 年）开始的，第一年仅采叶 4～5 斤，因外形特异，卖价比一般的茶叶高十倍以上。白茶开始受人关注，后来逐渐获得发展，至光绪十六年（1890 年）开始外销。

政和出产银针，据传是从光绪十五年（1889 年）开始的，当时铁山人周少白看到白毫工夫受欧美欢迎，就试制 4 箱运到福州洋行探销。翌年，又与邱国梁合制 4 箱，运往国外销售。销路很好，后来愈制愈多。

陈椽教授认为上述是口头传说。据同治十三年（1874年）左宗棠奏以督印官票代引办法第7条记载："所领理藩院茶票，原止运销白毫、武夷、香片、珠兰、大叶、普洱六色杂茶，皆产自闽滇，并非湖南所产，亦非'藩眼'所尚。"如果这里的"白毫"是指白茶，那么福建的白茶在1874年就有了，与政和发现大白茶树的年代相近。

据林今团考证，现代白茶发源于建阳水吉，清乾隆三十七年至四十七年（1772—1782年）由建阳漳墩镇南坑茶农肖乌奴的高祖创制。当时称"南坑白"，以菜茶品种采制，故又称"小白"或"白毫"。道光元年（1821年）后，发现水仙茶树品种。同治九年（1870年），水吉以大叶茶芽制"白毫银针"，并首创"白牡丹"。道光年间，建阳白毫茶开始远销甘肃等西北地区。同治七年（1868年）后，建阳白茶大量销往马来西亚、印度尼西亚、越南、缅甸、泰国等地。

据《福建省志》等记载，白茶早先由福鼎创制于清嘉庆元年（1796年），福鼎人用菜茶的壮芽为原料，创制白毫银针。清咸丰七年（1857年），福鼎选育出大白茶良种后，于光绪十一年（1885年）开始以福鼎大白茶芽制银针，称"大白"，出口价高于原菜茶制的银针（后称"土针"）十多倍。约在1860年后就停止生产"土针"。

政和县在清光绪六年（1880 年）选育出政和大白茶品种，1889 年开始产制银针。白毫银针在 1891 年就已外销。

关于近代白茶的发展，文献的记载存在差异。《制茶学》介绍 1796 年已有白茶生产，当时以菜茶品种为原料进行加工，1851 年至 1874 年，政和改植大白茶并于 1890 年用大白茶制银针。但据张天福分析，白茶由福鼎创制，最初使用菜茶品种，1857 年福鼎发现大白茶，于 1885 年试制银针，政和县 1880 年发现大白茶，1889 年制银针。有关白牡丹的记述两文献保持一致，皆认为白牡丹始创于建阳水吉。1992 年政和县也开始制作白牡丹。

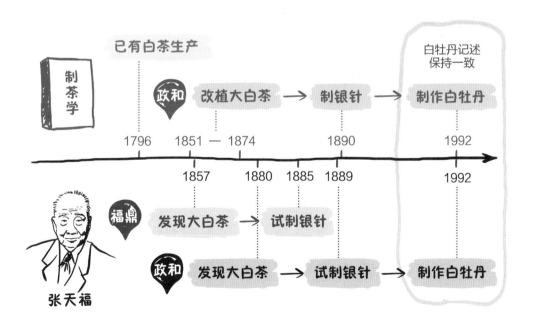

## 3. 新白茶的产生

### 何为新工艺白茶?

新工艺白茶是福建茶叶进出口公司与福鼎白琳茶厂为适应港澳茶叶市场的需要,于1968年研制的一个新产品。其原料要求同白牡丹,嫩度可略低些。其制作工艺为:萎凋、轻揉、干燥、拣剔、过筛、烘焙、装箱。

### 何为白雪芽?

白雪芽又称福建雪芽,是福建省农科院茶叶研究所郭吉春于1989年研制的一种白茶专利产品。外形介于白毫银针与高级白牡丹之间,20世纪90年代少量销往香港。

# 四、其他省份白茶的追溯

## 漓江春白茶
**又称漓江象牙，是产于广西桂林的白茶。**

漓江春白茶，1989年研制，采摘单芽及一芽一叶，经摊青、萎凋、拼堆、干燥环节而制成。芽叶完整，形态自然，银灰稍绿，白毫显著，毫香清鲜，汤色杏黄清澈明亮，味甘醇。

## 仙台大白
**产于江西上饶的白茶。**

仙台大白，1984年研制，采摘单芽及一芽一叶初展，经萎凋、干燥制成。芽叶肥壮，白毫满披，银白色光亮，叶片灰绿，香气清新，滋味甜醇。

## 云南白茶

**云南白茶的发展足迹以及第一个云南白茶团体标准。**

据《勐海县志》记载，1939 年，为振兴中华茶产业，毕业于法国巴黎大学的范和钧先生与毕业于清华大学的张石城先生带领 90 多位茶叶技术工作者赴佛海县（今勐海县）筹建茶厂，决心以制茶来支持抗战。1943 年，在当时的佛海茶厂库存有 318 斤高档白茶。

## 云南月光白茶
**创制于 20 世纪 90 年代。**

主要是在云南景谷傣族彝族自治县用景谷大白的品种制作，按照单芽、一芽一叶或一芽两叶的标准采摘，采用室内摊凉至自然阴干的工艺。

2016 年，郝连奇、范承胜与云南省农业科学院茶叶研究所的浦绍柳团队，结合云南独特的高原气候，把白茶制作中的萎凋、干燥工艺拆解成鲜叶采摘、日光萎凋、快速固形、走水固色、室内固香、日光干燥六道工艺，不仅解决了云南大叶种叶形大、难做形的问题，而且还解决了云南地区紫外线强，萎凋叶容易红变、褐变的问题，以及去除白茶的青草气问题，即将青草气变成清香，并且取得了发明专利。2020 年 12 月，由郝连奇、浦绍柳等人申请的云南白茶标准发布实施，自此，云南省有了第一个全省范围内的白茶团体标准。

# 白茶的内含物密码

六大茶类中每一种都有其独特的品质特征，这些品质特征从本质上来说，是由茶叶中内含物质的种类、含量和配比决定的。内含物质又来源于茶叶原料的天然成分以及各自的加工方式。

白茶加工工序包括萎凋和干燥，在加工过程中，主要生化成分的变化规律与品质是紧密相关的。虽然白茶加工工序较为简单，但工艺参数的不同，会显著影响白茶品质，比如失水快了会生燥，失水慢了香气会低沉。

在白茶加工过程中，内含物的变化主要是以茶多酚氧化为主，以蛋白质、多糖等物质的降解，以及色素、芳香物质的转化与形成为辅的变化过程。换句话说，加工工艺决定着白茶的品质，而内含物的种类、含量、组成及配比等是加工工艺的底层逻辑，白茶的色香味等感官品质的本质是茶叶的内含物质。

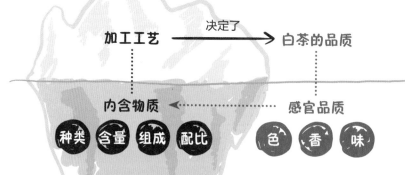

　　鲜叶在经过较长时间的萎凋、干燥后，内含物会发生复杂的变化，表现突出的主要有叶绿素、茶多酚、氨基酸、咖啡碱、糖类、芳香物质这六大类物质。

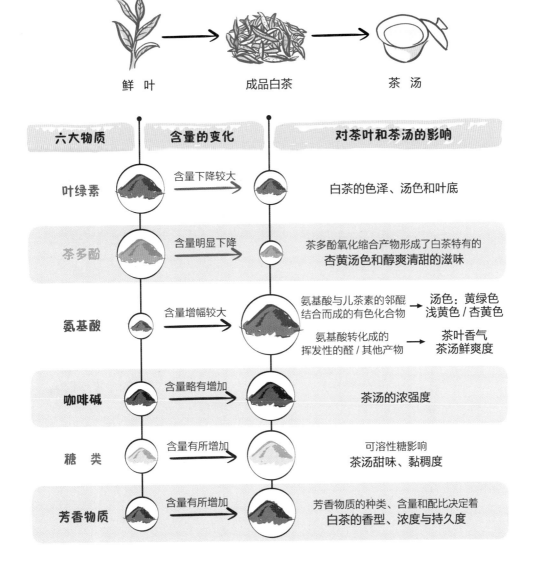

鲜 叶　　　　　成品白茶　　　　　茶 汤

| 六大物质 | 含量的变化 | 对茶叶和茶汤的影响 |
|---|---|---|
| 叶绿素 | 含量下降较大 | 白茶的色泽、汤色和叶底 |
| 茶多酚 | 含量明显下降 | 茶多酚氧化缩合产物形成了白茶特有的**杏黄汤色和醇爽清甜的滋味** |
| 氨基酸 | 含量增幅较大 | 氨基酸与儿茶素的邻醌结合而成的有色化合物 → **汤色：黄绿色 浅黄色 / 杏黄色**；氨基酸转化成的挥发性的醛 / 其他产物 → **茶叶香气 茶汤鲜爽度** |
| 咖啡碱 | 含量略有增加 | 茶汤的浓强度 |
| 糖类 | 含量有所增加 | 可溶性糖影响**茶汤甜味、黏稠度** |
| 芳香物质 | 含量有所增加 | 芳香物质的种类、含量和配比决定着**白茶的香型、浓度与持久度** |

# 一、叶绿素变化与白茶色泽的形成

## 制成白茶后，叶绿素是增加了还是减少了？

影响白茶色泽、汤色、叶底的主要化合物有叶绿素、胡萝卜素、叶黄素及茶色素（茶多酚的氧化物）。白茶加工过程中，叶绿素含量下降，胡萝卜素、叶黄素以及茶色素增多。

这些色素物质的转化，构成了白茶灰绿、灰褐色泽的基本前提，加工过程中对于叶绿素的破坏主要以水解和脱镁两种形式进行。

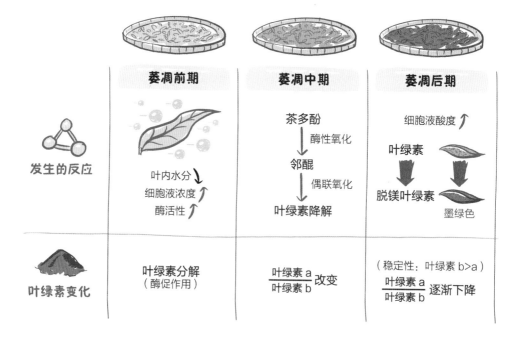

| | 萎凋前期 | 萎凋中期 | 萎凋后期 |
|---|---|---|---|
| 发生的反应 | 叶内水分↘<br>细胞液浓度↗<br>酶活性↗ | 茶多酚<br>↓酶性氧化<br>邻醌<br>↓偶联氧化<br>叶绿素降解 | 细胞液酸度↗<br>叶绿素<br>↓<br>脱镁叶绿素<br>墨绿色 |
| 叶绿素变化 | 叶绿素分解<br>（酶促作用） | $\dfrac{叶绿素a}{叶绿素b}$改变 | （稳定性：叶绿素 b>a）<br>$\dfrac{叶绿素a}{叶绿素b}$逐渐下降 |

宛晓春认为在加温萎凋或者干燥的条件下，叶绿素会被进一步破坏，在干燥阶段叶绿素 a、b 趋向稳定，这些变化都必须控制一定的速度，只有保证有一定的转化量而且量又不会过多，才能形成白茶正常的色泽。

日本的将积祝子等研究表明，白茶制造过程中叶绿素向脱镁叶绿素的转化率约为 30% ～ 35%，这样使得白茶叶色呈现灰橄榄色至暗橄榄色。白茶色泽除了有叶绿素作用外，还有其他色素的作用，如胡萝卜素、叶黄素以及后期多酚类化合物氧化缩合形成的有色物质等。这样就构成了以绿色为主，带有轻微黄红色，并衬以白毫，呈现出灰绿并显银毫光泽的白茶特有的色泽。

刘谊健等认为白茶制作过程温度要求在 18 ～ 25℃，相对湿度控制在 65% ～ 80%。若温度偏高、湿度太大，水分蒸发慢，生化反应快，叶子易发生红变；若温度低、湿度大，氧化慢，水分散失缓慢，则叶子色泽偏暗；若温度低、湿度小，水分蒸发快，生化反应亦慢，易造成叶色青绿；若温度高、湿度小，水分蒸发快，氧化反应也快，就必须缩短萎凋时间，才有利于品质的形成。

有关研究表明，白茶叶绿素保留率达 51%，只形成少量的脱镁叶绿素 a，转化率为 38.6%，虽检测出有叶绿酸，但数量甚微，同时叶绿素 b 只有极少部分转化为脱植基叶绿素 b，其转化率仅为 7.3%。

蔡华春认为在加工过程中，若萎凋时间短且气候干燥，叶绿素转化与分解较少，叶绿素保留较多，则叶色呈鲜绿色。若萎凋温度过高，堆积过厚，叶绿素就会大量破坏，暗红色成分增加，叶色则呈现暗褐色至黑褐色。

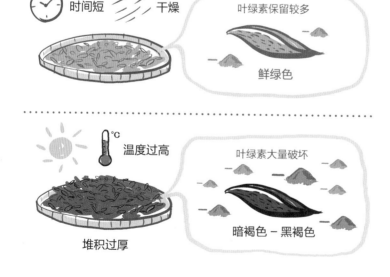

## 二、茶多酚与白茶汤色和滋味的形成

茶多酚是茶叶中分离提纯的 30 多种酚类化合物的复合体，约占茶叶干物质总量的 18% ~ 36%。在萎凋、干燥过程中，茶多酚会发生氧化、聚合、异构等变化，尤其是黄酮类物质增加显著，如果用同一种鲜叶加工不同的茶类，白茶中的黄酮类物质含量最高，这也是白茶与其他茶类的一个重要区别。

### 制成白茶后，茶多酚是增加了还是减少了？

不同的萎凋、干燥工艺对白茶化学成分含量及品质的影响很大，茶多酚含量总的变化趋势是由高到低。茶多酚的变化主要分为三个阶段：第一个阶段是萎凋初期，发生酶促反应，茶多酚含量大幅下降；第二个阶段是萎凋中后期，发生非酶促反应，即茶多酚自动氧化，茶多酚略有下降；第三个阶段是干燥阶段，茶多酚总含量不变，但是内部含量比例发生了变化。这三个阶段的变化都直接影响着白茶品质。

| | 第一阶段 | 第二阶段 | 第三阶段 |
|---|---|---|---|
| 发生的反应 | 萎凋初期（酶促反应） | 萎凋中后期（非酶促反应） | 干燥 |
| 茶多酚含量 | 大幅下降 | 略有下降 | 总含量不变内部含量比例发生了变化 |

## 第一阶段
### 在萎凋初期，发生酶促反应。

萎凋初期，萎凋叶水分迅速散失，导致内部细胞液浓度增加，隔在多酚类氧化酶与茶多酚中间的"墙"变得更加通透，茶多酚与酶的接触增加，从而促进酶促反应的进行。酶促反应形成了茶多酚的氧化物，比如茶黄素和茶红素物质都有少量生成，这些氧化物是构成白茶滋味、香气的物质基础。

刘谊健等对福鼎大白和福云六号做了对比研究，两品种的茶多酚含量均是在萎凋初期有所上升，然后又下降，但总趋势是下降的。不同品种茶多酚含量不同，福云六号比福鼎大白的含量高，茶多酚的减少量也比福鼎大白明显，见下表。

**白茶萎凋过程茶多酚含量**

| 品种 | 时数（h） | 茶多酚含量 (%) |
|---|---|---|
| 福云六号 | 0 | 29.55 |
| | 24 | 30.50 |
| | 48 | 22.62 |
| | 66 | 18.69 |
| 福鼎大白 | 0 | 22.98 |
| | 24 | 25.06 |
| | 48 | 19.78 |
| | 66 | 17.78 |

当鲜叶自然萎凋 18 小时至 36 小时的时候，细胞液浓度增大，多酚类化合物酶促氧化加快，初级氧化产物邻醌增加，并向次级氧化方向进行，同时产生了有色物质。

邓仕彬等对福鼎大白鲜叶进行了两种不同方式的萎凋实验，结果发现，随着萎凋时间的延长，萎凋叶中茶多酚含量在总干物质中的占比总体呈下降的趋势，如下图所示。

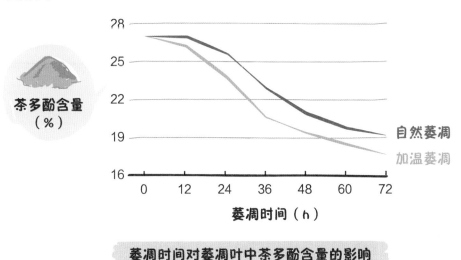

萎凋时间对萎凋叶中茶多酚含量的影响

施兆鹏认为传统白茶没有揉捻工序，不像红茶那样，酶与多酚类化合物不能充分接触，而且氧的供应量也少，加上次级氧化进行得缓慢而轻微，因而白茶的汤色和滋味不像其他茶类那么浓烈，其汤色浅淡，滋味醇和。

### 第二阶段
**在萎凋中后期，由酶促反应变为非酶促反应。**

此阶段萎凋叶水分大量减少，在八成干左右时，开始并筛。酶的活性减弱，茶多酚氧化缩合产物增加，比如花黄素类物质开始产生，形成了白茶特有的杏黄汤色和醇爽清甜的滋味。

### 第三阶段
**在干燥阶段，茶多酚内含比例发生了变化。**

茶多酚类物质总的含量变化不大，但会发生转化与异构，酯型儿茶素会发生转化、异构，总量会减少，简单儿茶素会有所增加，茶汤苦涩味会减少，甜醇味道会增加。

杨贤强等认为在干燥过程中，儿茶素的变化最为深刻，其中表没食子儿茶素没食子酸酯和没食子儿茶素减少最多，这使得茶汤涩味进一步消失，滋味更为清醇。

适宜的萎凋过程能够促进鲜叶内茶多酚的转化，对于青气和苦涩味物质的去除、特有茶香物质的形成具有显著贡献。若萎凋过轻，茶多酚变化较少，白茶不但会有青臭味，苦涩感也会明显；若萎凋过重，茶多酚氧化分解反应过度，茶多酚消耗过多，白茶的滋味就会淡薄，易产生"发酵香"，从而降低白茶品质。因此白茶萎凋过程中茶多酚含量降低以及相应反应产物的形成，对于白茶的色泽、感官等品质具有重要影响。

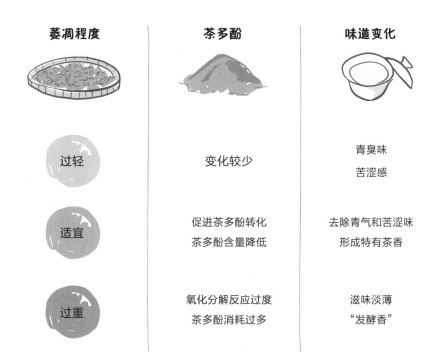

| 萎凋程度 | 茶多酚 | 味道变化 |
|---|---|---|
| 过轻 | 变化较少 | 青臭味<br>苦涩感 |
| 适宜 | 促进茶多酚转化<br>茶多酚含量降低 | 去除青气和苦涩味<br>形成特有茶香 |
| 过重 | 氧化分解反应过度<br>茶多酚消耗过多 | 滋味淡薄<br>"发酵香" |

## 三、氨基酸的变化与白茶滋味、香气的形成

在六大茶类中，白茶中氨基酸含量位居首位。白茶中游离氨基酸总量为 2.18% ～ 4.17%，是白茶中的重要功能成分，同时对增进茶汤滋味、改善色泽和提高香气等具有重要作用。

### 制成白茶后，氨基酸含量是增加了还是减少了？

白茶在萎凋过程中，萎凋叶迅速失水，细胞液浓度增加，茶多酚与酶发生酶促反应，与此同时，蛋白质也开始水解生成氨基酸，氨基酸的含量逐步提高。

有研究表明，白毫银针的平均氨基酸含量为 49.51 mg/g，茶氨酸含量为 30.08 mg/g，其中茶氨酸含量是某些黑茶的 20 余倍。

刘谊健等研究了福云六号和福鼎大白在萎凋过程中氨基酸的变化规律，发现两个品种在萎凋过程中，氨基酸的含量快速上升。这是由于白茶在制作过程中发生了一系列复杂的理化变化，低分子量的蛋白质发生酶促水解形成氨基酸，还有一些多肽在水解酶作用下水解形成氨基酸，从而使氨基酸的含量明显增加。如下图所示。

氨基酸含量
（%）

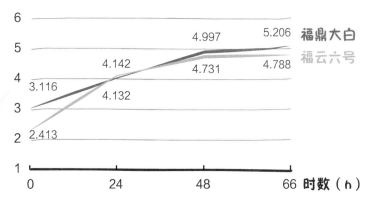

白茶萎凋过程中氨基酸含量的变化

杨志坚等研究认为，在萎凋过程中，内含物质变化最突出的就是氨基酸，其含量增加了近 1 倍。李金辉研究了自然萎凋和复式萎凋两种方式下氨基酸的变化，发现自然萎凋方式下氨基酸增加了 0.004%，加温萎凋方式下氨基酸减少了0.015% 。说明在萎凋过程中，氨基酸肯定会发生变化，但是萎凋方式和萎凋条件不同，氨基酸的含量变化会有所差异。

氨基酸对茶汤滋味有着重要的影响，能够增进茶汤鲜爽滋味。氨基酸在茶叶加工过程中转化成挥发性的醛或其他产物，形成茶叶香气。萎凋中氨基酸与儿茶素的邻醌结合而成的有色化合物，对白茶汤色有着良好的影响。氨基酸能够改变干茶色泽,在白茶干燥过程中,氨基酸参与非酶促褐变反应。

在萎凋后期和干燥过程中，氨基酸能够与邻醌类物质、多酚类化合物、还原糖等物质发生化学反应形成芳香物质，为白茶香气形成提供物质保障。

氨基酸参与了三件事：一是茶汤鲜爽味道的物质基础；二是在茶叶加工中转化成挥发性的醛或其他产物，形成茶叶香气；三是在白茶干燥过程中，氨基酸参与非酶促褐变反应，能够改变干茶色泽。

童薏霖等研究了 9 个茶树品种的白牡丹，结果表明氨基酸组分及与其他化合物的含量比例与白茶清、鲜、醇、厚等滋味特征表现均关系密切。其中，谷氨酸含量与白茶鲜味感呈正相关（$R=0.525$）。滋味属性"清"与较高的谷氨酸和表没食子儿茶素没食子酸酯、表没食子儿茶素总和的比值 Glu/（EGCG+EGC）呈较强正相关（$R=0.695$），与山奈苷总量和黄酮醇苷总量比值（Kae/TFOG）呈正相关（$R=0.452$）。同时，较高的氨基酸总量以及较高的 aa/Ca 值（>0.30）和 aa/Alk 值（>0.90）有利于白茶滋味醇、厚的体现。

# 四、咖啡碱的变化与白茶滋味的形成

## 制成白茶后，咖啡碱的含量是增加了还是减少了？

咖啡碱味苦，是白茶重要的滋味成分。白茶萎凋过程中，咖啡碱的含量变化不大，成品白茶中咖啡碱的含量比鲜叶略有增加。与乌龙茶、绿茶、黄茶等茶类相比，白茶中的咖啡碱含量较高。

吴白乙拉等选择六大茶类中的代表产品与白毫银针、白牡丹、寿眉做比较，采用HPLC法检测分析，结果表明白茶的咖啡碱含量高于青茶、绿茶、红茶、黑茶，低于黄茶。

周才碧认为白茶萎凋过程中，咖啡碱的含量变化差异不大，白茶成品比鲜叶稍有增加，这可能是因为结合态的咖啡碱变成了游离态，而由于温度的升高，咖啡碱的含量又有所下降。陈勤操的研究表明萎凋过程中咖啡碱含量呈上升趋势。

张磊等采用白茶传统加工工艺、新工艺和创新工艺3种不同加工工艺对4个茶叶品种进行白茶加工试验，发现成品白茶的咖啡碱含量均在2%～4%的范围内，并未呈现规律性的变化。

战捷、周静峰等发现，在萎凋叶失水30%～40%、60%～70%时，咖啡碱含量下降，其余阶段咖啡碱含量随萎凋减重率的增加而上升。如下图所示。

 咖啡碱含量（%）

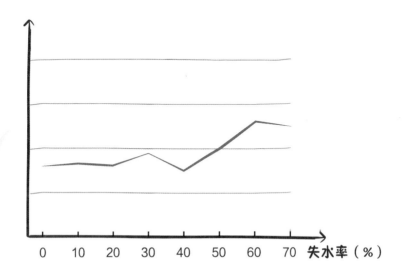

0    10    20    30    40    50    60    70    失水率（%）

萎凋阶段咖啡碱含量变化示意图

咖啡碱无臭、有苦味，是茶汤滋味的主要物质之一，与茶黄素以氢键缔合成的复合物具有鲜醇味。若工艺得当，咖啡碱可以大大提升茶汤的浓醇度。

咖啡碱易溶于80℃以上的热水。如果追求茶汤的甜度，泡茶水温可以选择在80℃以下；如果追求浓醇度，泡茶应该用100℃的沸水。

## 五、糖类的变化与白茶香气和滋味的形成

### 制成白茶后，可溶性糖的含量是增加了还是减少了？

茶叶中的糖类物质主要有单糖、双糖、多糖。其中可溶性糖主要是单糖和双糖。白茶可溶性糖总量较高，在 4.45% ~ 7.64% 之间。可溶性糖味甘甜，是构成白茶茶汤黏稠度和滋味的重要成分，也参与形成白茶的香气物质，制成白茶后其含量相较于鲜叶有所增加。

萎凋前期，由于鲜叶刚刚被采回，还在进行呼吸作用，部分单糖作为呼吸作用的基质被消耗。萎凋的中期，糖一方面因水解而生成，另一方面因氧化和转化而消耗，是处于供给和消耗的动态平衡之中的，即代谢所需的能量供应趋于停止，糖的消耗也很少。萎凋的后期，糖的生成大于消耗，糖得到积累。

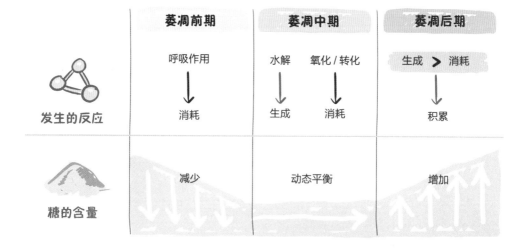

| | 萎凋前期 | 萎凋中期 | 萎凋后期 |
|---|---|---|---|
| 发生的反应 | 呼吸作用 ↓ 消耗 | 水解 ↓ 生成　氧化/转化 ↓ 消耗 | 生成 > 消耗 ↓ 积累 |
| 糖的含量 | 减少 | 动态平衡 | 增加 |

于淑池等认为萎凋前期糖类物质含量的变化因淀粉的水解反应而生成，同时也会因为氧化、呼吸作用和化学转化而被消耗，而后期糖则得到积累，其含量增加。

潘玉华等研究发现，可溶性糖含量在萎凋初期呈上升趋势，而后有所下降，但萎凋后的含量仍高于鲜叶，总体呈上升趋势，还发现可溶性糖含量的增加有利于白茶茶汤甜醇滋味的形成。同时，可溶性糖的积累也为后续干燥期间白茶香气的形成提供了一定的物质基础。

孔祥瑞等选用四款白茶做对比实验发现，还原性糖与感官品质仍呈显著性正相关，相关系数为 0.680。

### 单糖、双糖增加甜醇感

单糖和双糖都能溶于水，都具有甜味，是构成茶汤浓度和滋味的重要物质。我们品茶时的甜味或者甘甜，都是单糖和双糖发挥作用的结果。还有常提到的茶汤的鲜爽甘醇，都是氨基酸、茶多酚、糖类综合作用的结果。

## 单糖还参与茶叶香气的形成

白茶的香气，尤其是紧压白茶的香气形成与单糖有关。茶叶中的甜香怎么来的呢？就是在加工过程中，由于温湿度适当，糖分本身发生变化，并与氨基酸等物质相互作用，产生了芳香物质。

## 果胶增加茶汤的黏稠感

在白茶加工过程中，果胶物质一方面水解成水溶性果胶素及半乳糖、阿拉伯糖等物质，来参与构成茶汤的滋味品质；另一方面，果胶物质还与茶汤的黏稠度、条索的紧结度和外观的油润度有关。

## 六、芳香物质的变化

茶叶香气是评价茶叶品质优劣的重要指标之一，其香气类型和水平的高低是由众多香气活性成分的种类、含量和配比所决定的。

茶叶的芳香物质有的是在鲜叶生长过程中合成的，有的则是在茶叶加工过程中形成的。芳香物质有三个明显特点：其一是含量很少，占干物质的 0.02% 左右；其二是种类多，到目前为止，已分离鉴定的茶叶芳香物质约有 700 种；其三是善变化，加工过程中，随着温度、湿度的变化，会形成不同的芳香物质。

### 制成白茶后，芳香物质的含量是增加了还是减少了？

在白茶的萎凋过程中，会散失一部分芳香物质，又会生成一部分芳香物质，此阶段芳香物质有所增加。干燥是白茶提高香气、增进滋味的重要阶段。在此期间，由于高温作用，发生了一系列有利于白茶香气品质形成的化学变化。如一些带青草气的低沸点醛醇类物质挥发和异构化，形成带清香的芳香物质；氨基酸与茶多酚相互作用形成新的香气成分；糖与氨基酸的焦糖化作用，使香气增加。制成白茶后，芳香物质无论是种类，还是总量都有所增加。

　　陈志达认为白茶香气的形成除了白茶原料等级的影响之外，还与其独特的加工工艺密切相关，特别是萎凋工序对于香气品质的形成影响重大。萎凋过程中，鲜叶内含成分发生一系列酶促作用和化学反应，如糖苷类物质的降解、类胡萝卜素的氧化降解、多酚类物质氧化、脂肪酸的过氧化及降解、氨基酸的脱羧脱氨和美拉德等反应，使得香气物质大量生成。

　　Deng 等研究发现白茶在萎凋过程中，水杨酸羧基甲基转移酶与水杨酸能够生成水杨酸甲酯，它作为释放香味的挥发性有机化合物之一，在茶的甜美香气中起重要作用。Wang 等利用转录组和代谢产物谱图研究了萎凋对茶叶风味形成的影响，发现萎凋过程中的脱水胁迫导致茶香味化合物的基因转录和含量发生显著变化，从而促进了各种茶的特殊风味的形成。

　　萎凋前期，低沸点的芳香物质明显减少，如乙酸乙酯、正戊醇、异戊醇等；萎凋中期，低沸点的芳香物质有所增加，同时中高沸点的香气成分如沉香醇、二氢茉莉内酯、顺茉莉内酯、α－萜品醇等，成倍甚至几十倍明显增加，使得白茶的青草气减退，香气显现；萎凋后期，低沸点的芳香物质再度减少，高沸点的芳香物质增加，如橙花叔醇、苯乙醛等。

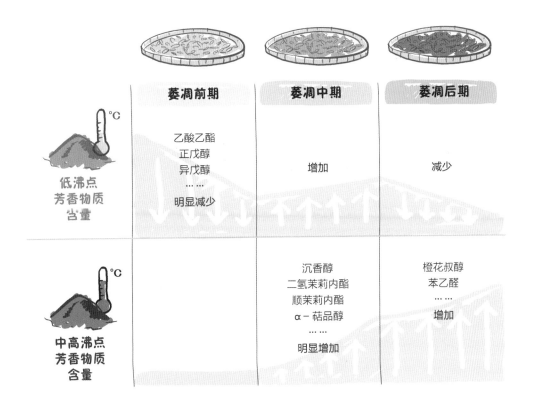

白茶干燥阶段能够促使挥发性成分及非挥发性成分进行一系列的化学反应，形成白茶特有的香气，从而提升白茶品质。乔小燕等分析了不同干燥温度下丹霞 2 号白茶的挥发性成分，发现对白茶香气有负面影响的醇类随干燥温度的增加，其相对含量呈下降趋势；对白茶整体香气有加成作用的酮类、醛类则呈现增加趋势。

# 白茶的姜洞密码

什么是萎凋？萎凋的目的是什么？如何判断白茶的萎凋程度？萎凋过程中的茶叶内含物又是如何变化的？

白茶的初制工艺为萎凋—干燥，其中萎凋是白茶制作的关键工艺，也是决定白茶品质的最关键步骤。白茶制作工艺看似简单，但在制作过程中需要精准掌握茶叶变化的"度"和质量因子的"度"。

## 1. 什么是萎凋？

萎凋是将采下的鲜叶按一定厚度摊放，经过一定时间的失水，使鲜叶呈现萎蔫状态的过程。目前茶叶生产采用的萎凋方式有室内自然萎凋、加温萎凋和复式萎凋等。

我国白茶、红茶、青茶等茶类制作中的第一道工序都是萎凋，但程度各不相同。依据萎凋叶的含水量，白茶萎凋程度最重，鲜叶含水量要求降至40%以下，红茶萎凋程度次重，含水量降至60%左右，青茶萎凋程度最轻，要求含水量在70%以下。

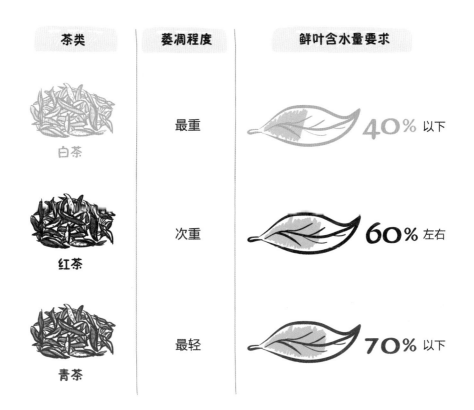

| 茶类 | 萎凋程度 | 鲜叶含水量要求 |
|---|---|---|
| 白茶 | 最重 | 40% 以下 |
| 红茶 | 次重 | 60% 左右 |
| 青茶 | 最轻 | 70% 以下 |

刚采摘下来的鲜叶水分含量高达 75% ~ 80%，萎凋过程减少了鲜叶与枝梗的含水量，促进萎凋叶产生复杂的化学变化。萎凋时间与方式由采摘时间、季节、气候、鲜叶嫩度、厂家设施与品质要求决定。

## 2. 萎凋的目的

萎凋的目的除了蒸发水分之外，还伴随着鲜叶内含物缓慢水解、合成、氧化、还原等化学反应，从而形成白茶的外形和内质特征。

**萎凋的目的有 3 个**

**青草味** ──转化──> **清香味**

散发青草气，形成清香味，萎凋过程中要散发青叶醇等芳香物质。

**持续失水**

失水，尤其是保证鲜叶能够在较长时间内持续失水。

**提升茶叶感官内质**

通过氧化和分解作用使鲜叶内含物转化，进一步形成白茶的色泽、滋味物质及香气的前体物质。

## 3. 萎凋适度的标准是什么？

白茶萎凋至八九成干，即可进行干燥处理。若遇不良气候，如叶色已转成黛绿色，萎凋至含水量为 20% ～ 30% 时即可转入干燥工序。

白茶萎凋原理：在萎凋过程中，鲜叶的水分散失，叶表面细胞气孔变化明显，细胞膜的通透性增强，酶活性增强，细胞液浓度增大，通过水解和氧化等反应促进鲜叶内一系列物质转化，形成白茶独特的香气和滋味。

### 萎凋的表象是失水，真相是生物化学反应

萎凋工艺除了能够蒸发鲜叶水分外，也伴随着一系列的生物化学反应，体现为茶多酚含量下降，而氨基酸含量有不同程度的升高。这些物质的变化及相互作用对于白茶的色泽、形态、香气、茶汤品质的形成具有显著影响，其变化规律可以为白茶优良品质的形成提供科学的依据。

鲜叶萎凋过程可分为物理变化和化学变化，焦海晏指出，物理变化主要体现在水分的散失先由鲜叶表面附着水和"游离水"蒸发，随着萎凋时间延长，鲜叶中毛细管水和"结合水"缓慢蒸发。在水分散失物理变化的同时，鲜叶的内含物质也发生了一系列变化。叶绿素在水解和脱镁作用下，叶色由深绿转为浅绿，水浸出物含量由于茶多酚氧化和一些物质以香气形式挥发而减少，多酚类物质含量由于过氧化酶作用下降，酯型儿茶素水解为简单儿茶素，蛋白质在蛋白酶作用下形成氨基酸，多糖在多糖水解酶作用下形成单糖、双糖物质；茶叶香气低沸点芳香物质减少，中高沸点香气成分含量成倍增加。

# 一、白茶萎凋影响因子

白茶的加工工序虽然较为简单，但茶叶品质的影响因素众多，除了茶树品种和鲜叶原料外，萎凋过程中的影响因素较多，比如环境温度、相对湿度、工艺技术和参数等都能影响白茶品质。

## 1. 环境温度和相对湿度

萎凋环境的温度和相对湿度对白茶品质特征形成具有重要影响。在室内自然萎凋条件下，一般温度应控制在 18 ～ 25℃，空气相对湿度控制在 65% ～ 80%；温度高，相对湿度低，水分蒸发速度加快；反之，萎凋叶蒸发速度减慢。萎凋叶水分蒸发过快或过慢都会影响茶叶品质。

**自然萎凋下，环境温度多少为好？**

**18 ～ 25℃**

**自然萎凋下，相对湿度多少为好？**

**65% ～ 80%**

周寒松等以福鼎大毫为试验材料，以自然温湿度为对照组（CK），探索相同湿度、不同温度（18℃，22℃，26℃）下萎凋叶水分变化（如下图所示）。研究结果表明，萎凋叶失水量与温度呈正相关，温度越高，水分蒸发越快，且湿度为70%、室温为22℃为最佳萎凋温湿度。

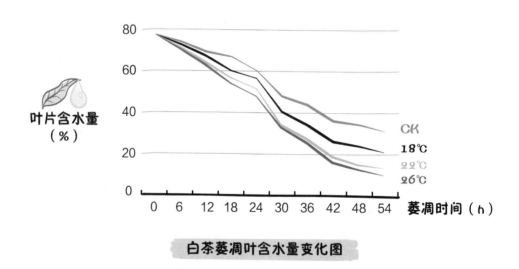

白茶萎凋叶含水量变化图

林清霞等以15个茶树品种的春季鲜叶为原料，在控湿条件下考察不同萎凋温度对鲜叶失水速率的影响，结果表明在一定湿度条件下，萎凋温度越高，萎凋叶失水速度越快，且在25℃时萎凋品质最优。

张应根等对白茶萎凋温度和相对湿度的研究结果表明，相同湿度条件下，随着温度降低，萎凋叶失水规律呈现前期快后期慢的特点；相同温度条件下，湿度增加，萎凋叶失水速度减慢。在高温低湿条件下萎凋叶失水速度过快，萎凋不能完成理化变化，儿茶素含量高，氨基酸含量低，成茶品质较低。高温高湿条件下，叶色易发红，萎凋叶失水过慢，儿茶素明显降低，氨基酸、咖啡碱含量增加，易形成"发酵香"。

## 白茶的"发酵香"

在白茶萎凋过程中，受到高温高湿环境的影响，成品白茶的香气类似红茶或者"东方美人"茶的香气，但香气比较浊。

## 2. 通风条件

通风条件良好有利于白茶茶叶品质特征形成。在白茶的萎凋过程中，良好的通风条件有利于鲜叶水分蒸发和呼吸代谢，能够供给萎凋叶所需要的氧气，在氧气足够的情况下，多酚类物质在氧化酶的作用下氧化反应加速，邻醌积累，同时向次级代谢物质转化，白茶色泽灰绿润泽，形成香醇的品质特征。反之，多酚类物质氧化缓慢，萎凋叶呼吸作用不平衡，白茶色泽易形成燥绿色或者褐色。生产中常安装送风、排湿装置控制通风条件，以保证良好的茶叶品质形成。

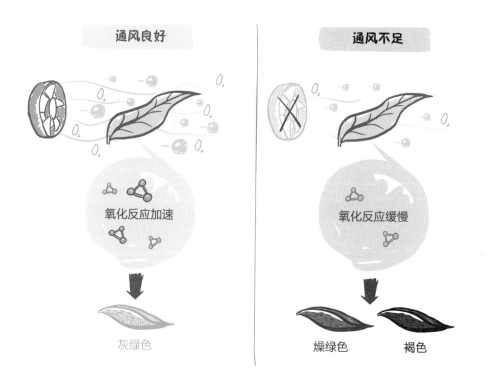

## 3. 萎凋叶摊放厚度和匀度

萎凋前期摊叶的厚度和匀度会影响茶叶的品质，摊叶不匀或过厚会导致成品茶叶底较花杂，滋味鲜醇度不足；摊叶过薄，占用场地大，影响产量。

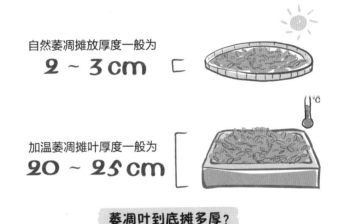

自然萎凋摊放厚度一般为 **2～3 cm**

加温萎凋摊叶厚度一般为 **20～25 cm**

萎凋叶到底摊多厚？

在白茶萎凋过程中，叶尖、叶缘、嫩梗与叶肉细胞失水速度有差异，前者失水速度较快。带有气孔的叶背失水速度较叶面快，导致叶面、叶背张力不平衡。当芽叶含水率较低时，就会发生"翘尾"现象，即叶缘背卷、叶尖与梗端翘起。叶背和水筛贴得较近，在力的作用下叶缘背卷受阻，因此要及时并筛，目的是防止出现平板状不良叶态，同时又能促进多酚类物质的氧化和转化，增加茶的滋味醇度，降低涩度。

### 4. 萎凋时间

　　白茶品质也和萎凋时间紧密相关，白茶萎凋时间比较长，一般室内自然萎凋历时 48 ～ 60h，一般不超过 72h，加温萎凋 20 ～ 36h。萎凋时间过短，叶片内含物质未完全转化，叶色较青，滋味苦涩，烘干后具有绿茶的品质特征；萎凋时间过长，叶内含物质过度转化，叶色发黑，滋味淡薄，香气物质含量较低，种类也较少。

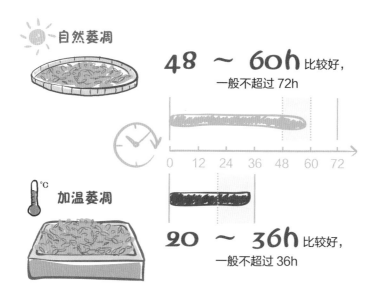

**自然萎凋**

**48 ～ 60h** 比较好，
一般不超过 72h

0  12  24  36  48  60  72

℃

**加温萎凋**

**20 ～ 36h** 比较好，
一般不超过 36h

白茶萎凋多长时间好？

刘谊健以福云六号和福鼎大白为研究对象，探讨白茶制作过程中主要成分的转化。研究结果表明，萎凋时间短，茶多酚含量高，氨基酸含量低，涩味重，鲜味低。

黎敏以兴安六垌茶鲜叶为原料，研究在室内自然萎凋条件下不同萎凋时间对白茶品质的影响。萎凋 60h 时成品茶品质最佳，茶多酚得到适度氧化，氨基酸含量明显增加，水浸出物含量未明显减少；萎凋 72h 时，水浸出物含量与鲜叶相比显著降低。

陈维利用萎凋槽自然萎凋研究英红九号在不同时间段的香气物质种类和含量。结果表明，在24h 时香气物质含量最高，种类最多，且发现香气物质总含量呈现先增加后减少的趋势。和李凤娟在测定室温萎凋的白茶样品时发现香气物质含量在萎凋时的变化趋势一致。

## 5. 萎凋的光照影响

光照萎凋一般可分为日光萎凋和 LED 光萎凋。日光萎凋常和室内加温萎凋及室内自然萎凋结合使用，目前 LED 光照普遍应用于新式萎凋机。

光照可以影响叶片细胞代谢活动，提高香气物质含量，日光萎凋后，萎凋叶多酚氧化酶活性（PPO）、过氧化物酶（POD）、蛋白酶（PA）等酶活性显著增加，鲜叶中以结合态糖苷类形式存在的醇类物质随着酶活性增加，水解为游离态挥发性香气物质。

不同 LED 光质萎凋对白茶品质影响存在一定差异，但光照萎凋均能提高白茶香气和滋味品质，一般以 LED 黄光萎凋的白茶品质佳。

黄藩研究黄光、蓝光和红光与自然萎凋对用茶树品种三花 1951 制作白茶的影响。结果表明，黄光、蓝光、红光萎凋均可明显提高白茶的香气，黄光萎凋白茶香气为花香，其余两种为清香；且黄光萎凋白茶的香气物质的数量最多、总量最高，蓝光次之，红光稍差，但三种光质萎凋处理的香气均优于自然萎凋。

罗玲娜采用红光、黄光、绿光、蓝光、白光五种 LED 光源对白茶进行不同光质萎凋试验，以不照光萎凋为对照。结果表明，黄光萎凋茶叶品质综合感官最佳，毛茶形态自然、色泽墨绿，香气清鲜带花香，滋味醇和。

黄藩等研究无光(CK)、日光、蓝光、黄光和红光萎凋对贡眉白茶的感官品质、主要生化成分、部分代谢物的影响。得出 4 个光照组的萎凋感官品质均优于无光萎凋，黄光萎凋白茶带花香，其余 3 种光质组呈现清香。滋味方面，红光萎凋滋味浓醇度均高于其他 3 种光质，红光光质组萎凋可溶性糖含量、氨基酸含量和茶氨酸含量均显著高于其他光质组。

# 二、白茶萎凋方式与技术

目前茶叶生产应用的萎凋方式有室内自然萎凋、加温萎凋、复式萎凋和 LED 光照萎凋等，每种萎凋方式要求的环境条件也各不相同。

## 1. 室内自然萎凋

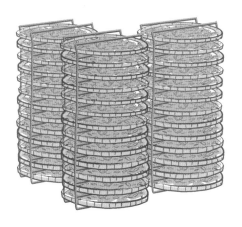

室内保证清洁，四面通风，无阳光直接照射，能有效控制室内温湿度。将鲜叶均匀摊放在水筛或萎凋帘上，萎凋帘摊放厚度一般为 2～3cm，水筛放置鲜叶重量一般为400～500g。

　　春季鲜叶室温萎凋一般要求温度为 18 ～ 25℃，相对湿度为 67% ～ 80%；夏秋季鲜叶室温萎凋温度为 25 ～ 35℃，相对湿度 65% ～ 75%。萎凋时间总计约 48 ～ 60h，雨天不宜超过 72h，否则叶色容易发黑，萎凋至水分为 20% ～ 30% 时开始并筛。用室内自然萎凋方式生产的白茶品质形成稳定，但制作过程占用场地大，且易受天气影响。

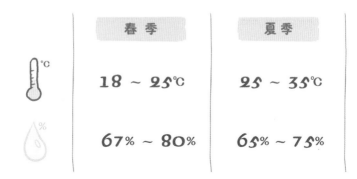

袁弟顺研究了白茶室内自然萎凋，认为随着萎凋时间的延长，鲜叶的水分、茶多酚含量、儿茶素含量均有所下降，氨基酸、咖啡碱、酯型儿茶素、茶黄素、茶红素和茶褐素含量有所上升。

不同品种茶叶室内自然萎凋时的失水速率存在差异。张少雄等以福鼎大白和黄旦品种为原料，比较两个品种在相同室内自然萎凋条件下鲜叶水分的变化，研究结果表明，福鼎大白的萎凋鲜叶失水速率优于黄旦品种，且失水速度呈现先快后慢，后期近于匀速的趋势。

### 2. 加温萎凋

加温萎凋是通过调节萎凋环境的温度，以减少萎凋时间的萎凋方式。目前常用的加温萎凋有萎凋槽萎凋、热风管道萎凋、室内加温萎凋等萎凋方式。

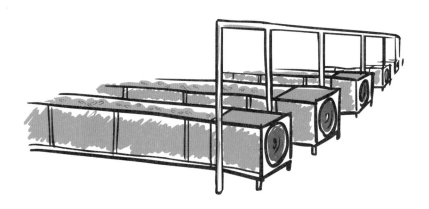

萎凋槽一般摊叶厚度为 20 ～ 25cm，热风温度控制在 30℃左右为宜，湿度控制在 70% 左右，萎凋全程历时低于 36h，间歇式鼓热风，鼓热风 1h，停止 10min，之后再鼓热风；下叶子前 20min 需鼓吹冷风降低叶温，避免因高温堆积产生红变，整个萎凋过程中需要多次翻叶，以保证萎凋均匀，翻叶动作宜轻。如使用的是雨水鲜叶，应先吹冷风，蒸发鲜叶表面水分。萎凋槽加温萎凋技术易掌握，操作简便，但常常出现萎凋不均匀的情况，后期需要堆积处理。

℃

热风温度控制在

**30 ℃** 左右为宜

**加温萎凋多少度为好?**

仅仅是萎凋槽加温萎凋还不太够，还需要控制环境的湿度。室内加温萎凋通过在萎凋房内安装空调、风扇、排气扇等装置控温控湿。

陈可坚等对比了室内加温萎凋、复式萎凋和室内自然萎凋方式。室内加温萎凋萎凋总历时 40～45h。室温设置为 18～20℃，相对湿度 70% 左右，时间为 2～3h，萎凋至叶片柔软、失去光泽、无青草气、清香显时，调节室温至 23～25℃，相对湿度保持 60%～70%，继续萎凋 28～30h。待萎凋叶八成干时，需要并筛，三筛并一筛，室温调节至 26～27℃，相对湿度调节至 50%～60%，时间 10～12h，待萎凋至九成干时，即可进行烘焙。

复式萎凋步骤为室内适度加温萎凋—日光萎凋—并筛—室内自然萎凋—日光萎凋—萎凋适度。萎凋总历时 42～48h。

研究结果表明，室内加温萎凋和复式萎凋相比，复式萎凋茶叶品质优于加温萎凋。

黄藩研究了变温萎凋技术对贡眉白茶品质的影响，在萎凋过程中用 45℃ 高温，研究不同处理时间对贡眉白茶品质的影响。研究表明，45℃、30s 变温处理使贡眉白茶出现青气减退、有蜜香、汤色橙红、滋味甜醇的陈香白茶品质特征，变温萎凋后贡眉白茶的水浸出物、氨基酸、可溶性糖、茶多酚、儿茶素等内含物的总量有所减少，黄酮、茶红素、茶黄素、茶褐素的含量增加。

## 3. 复式萎凋

复式萎凋是室内自然萎凋、加温萎凋和日光萎凋处理交替进行的萎凋方式。

日光萎凋的时间和次数根据室外温湿度高低确定，晒至叶片稍微热时放入室内，叶温降低后再进行日光萎凋，往复2～4次，时间为1～2h。春季晴天萎凋鲜叶时一般温度为25℃，相对湿度为65%，每次日照萎凋30min左右，萎凋叶稍热时转入室内萎凋；温度为30℃、相对湿度低于60%时，单次日光萎凋时间15～20min。

复式萎凋有助于鲜叶加速萎凋和提高茶汤的醇度，茶叶品质优于室内自然萎凋和加温萎凋，但复式萎凋操作方式复杂，占用场地大，程度不易控制，容易出现色泽花杂、芽叶枯红的情况。

王子浩等人研究了室内自然萎凋、复式萎凋和恒温萎凋三种萎凋方式对信阳群体种制作白茶的影响。结果表明，用复式萎凋方式加工的白茶品质最好。

　　陈可坚等的研究结果也表明，复式萎凋茶叶品质优于室内自然萎凋和加温萎凋，室内自然萎凋或加温萎凋鲜叶结合日光萎凋，蓝紫光等短波光可有效提高白茶的芳香物质、氨基酸、水溶性多糖及果胶物质等的含量。

## 4.LED 光照萎凋

　　LED 光照萎凋是利用 LED 光源光照萎凋鲜叶的一种萎凋方式。

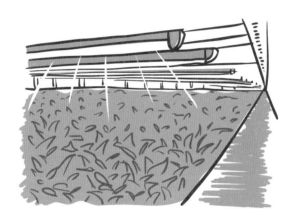

　　光不仅可以调节植物的生长发育，还可调控萎凋中鲜叶细胞代谢产物和一些酶类。白茶萎凋叶品质与光照时长、强度和光源光质紧密相关。LED 冷光源能够将电能直接转换为可见光和辐射能，具有工作电压低、耗电量小、性能稳定、光色纯、发光效率高、制造成本低等优点。目前的研究结果表明，LED 红光和 LED 黄光光照萎凋鲜叶制成的白茶品质最佳。

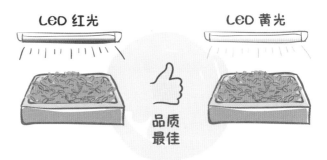

罗玲娜采用红光、黄光、绿光、蓝光、白光五种LED光源对白茶进行不同光质萎凋试验。研究结果表明，用LED黄光（586～592nm）萎凋的白茶品质最佳，萎凋全过程用黄光照射，光照强度为中光245lux时能显著提高白茶品质；蓝光光照萎凋进程最快。

黄藩等以白毫银针和寿眉白茶为研究对象，在黄光、红光、日光和无光条件下进行萎凋对照试验，日光组和红光组的可溶性糖含量比其他萎凋组高；红光组氨基酸和茶多酚含量显著高于其他组，咖啡碱含量低于日光组和无光组；黄光组非酯型儿茶素含量最高，红光组次之，其他两组最低；酯型儿茶素含量与茶汤苦涩程度呈正相关，黄光组酯型儿茶素含量低于其他组。如下表所示：

## 不同光质萎凋对白毫银针主要理化成分影响　　单位：%

| 指标 | 无光 | 日光 | 黄光 | 红光 |
| --- | --- | --- | --- | --- |
| 水浸出物 | 46.06±0.49B | 46.52±0.84B | 43.24±0.45A | 46.93±0.21B |
| 可溶性糖 | 6.49±0.07A | 7.10±0.31B | 6.62±0.21A | 7.44±0.20B |
| 氨基酸 | 5.06±0.18A | 5.01±0.11A | 5.021±0.12A | 5.40±0.12B |
| 茶多酚 | 17.57±0.23B | 17.08±0.05A | 17.80±0.13B | 18.15±0.23C |
| 咖啡碱 | 5.37±0.19B | 5.38±0.18B | 4.84±0.11A | 4.94±0.06A |
| 非酯型儿茶素 | 4.55±0.06A | 4.58±0.03A | 4.96±0.14C | 4.76±0.01B |
| 酯型儿茶素 | 9.90±0.02B | 9.89±0.09AB | 9.59±0.23A | 9.91±0.08B |
| 儿茶素总量 | 14.45±0.26A | 14.46±0.11A | 14.55±0.37A | 14.67±0.09B |

## 不同光质萎凋对寿眉白茶主要理化成分影响　　单位：%

| 指标 | 无光 | 日光 | 黄光 | 红光 |
| --- | --- | --- | --- | --- |
| 水浸出物 | 46.31±1.15AB | 47.13±1.21B | 45.18±1.11A | 46.08±0.28AB |
| 可溶性糖 | 10.23±0.46A | 12.31±0.66BC | 11.97±0.41B | 12.84±0.27C |
| 氨基酸 | 5.04±0.07A | 5.63±0.05B | 5.60±0.05B | 6.40±0.13C |
| 茶多酚 | 13.88±0.34A | 14.07±0.13A | 13.95±0.21A | 14.69±0.56B |
| 咖啡碱 | 4.46±0.09B | 4.20±0.12A | 4.24±0.08A | 4.26±0.06A |
| 非酯型儿茶素 | 3.41±0.03A | 4.58±0.03A | 4.96±0.14C | 4.76±0.01B |
| 酯型儿茶素 | 6.98±0.13A | 6.93±0.21A | 7.10±0.19A | 8.18±0.09B |
| 儿茶素总量 | 10.39±0.26A | 10.54±0.30A | 11.01±0.32A | 11.78±0.13B |

黄藩等的研究表明：

① 寿眉白茶红光组可溶性糖含量、茶多酚含量和氨基酸含量均最高；无光组咖啡碱含量最高，其他组均较低；非酯型儿茶素含量黄光组最高，无光组最低；酯型儿茶素含量和儿茶素含量方面红光组最高，显著高于其他萎凋组。

② 白毫银针和寿眉白茶在滋味因子方面，光质萎凋与无光组均能提高茶叶品质。各萎凋组滋味因子分数由高到低依次为：红光＞日光＞黄光＞无光。

③ 各萎凋组香气因子分数由高到低依次为：黄光＞红光＞日光＞无光。

# 白茶的干燥密码

白茶的制作工艺为萎凋—干燥，干燥是白茶制作的重要工序。白茶干燥时，需要选择合适的干燥方式和干燥温度。

干燥，是白茶初加工制作的最后一道失水工序，也是白茶品质特征形成的重要工艺，干燥决定了白茶色泽、香气和滋味品质的最终形成。

## 白茶干燥的四大目的

第一是降低茶叶水分含量，破坏酶的活性，中止酶的氧化进程，固定外形和色泽；

第二是茶叶内含物质在热作用下转化，低沸点芳香物质减少，中高沸点芳香物质增加，增加茶叶的香气物质含量和种类。

第三是使一些氨基酸类物质在干燥过程中发生分解和异构化，进一步生成香气前体物质。

第四是使含水率达标，便于保存。

## 白茶干燥的表象是失水，真相是生物化学反应

干燥过程中，萎凋叶水分含量逐渐降低，过氧化物酶和水解酶失活，低沸点醇、醛类香气物质挥发和异构化，氨基酸分解和异构化，经过复杂的生化反应后，逐步形成白茶的清香、毫香等香气类型。儿茶素类物质异构化降低了茶汤的苦涩，增加了白茶茶汤滋味的清醇。

卓敏等研究了不同干燥温度对丹霞白茶品质的影响，结果表明，随着干燥温度（45 ～ 120℃）的升高，白茶香气呈现出毫香、微甜香、花香、甜香浓郁持久，甜香、微花香浓郁持久，高火甜香、焦香的变化趋势，表现为甜香比较稳定、持久，而花香和毫香容易随温度的升高而消失。其中干燥温度为 70 ～ 80℃时香气最佳。

# 一、干燥的影响因子

　　白茶干燥过程中摊放厚度、温度高低和时间长短等技术参数对白茶品质的形成均有重要影响。烘笼烘焙是福建白茶的传统干燥方式，下面以烘笼烘焙为例，介绍影响白茶干燥的因子。

**3 个干燥影响因子**

摊放厚度

温度高低

时间长短

## 1. 摊放厚度

烘笼烘焙时茶叶应摊放适宜的厚度，厚度过厚会造成烘焙不均，色泽花杂，滋味粗涩；厚度太薄会导致干茶色泽欠润，茶汤滋味较淡，滋味厚度降低。

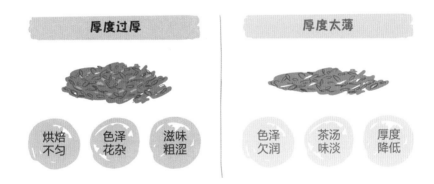

厚度过厚　烘焙不匀　色泽花杂　滋味粗涩

厚度太薄　色泽欠润　茶汤味淡　厚度降低

## 2. 温度高低

烘笼烘焙茶叶时，茶叶嫩度不同，炭温控制也有所差异，炭温一般控制在 35 ～ 50℃之间，足干时炭温应适当调高，但不得高于 60℃。

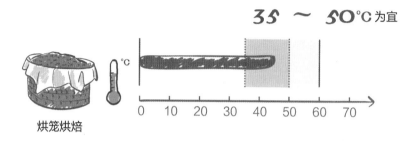

35 ～ 50℃为宜

烘笼烘焙

干燥过程中的温度高低能影响白茶的香气物质和滋味物质的形成，温度过高或过低均会影响白茶的品质。

炭温过高易焦，茶叶外形色泽鲜润度差，内质燥味强，滋味欠甘爽；温度过低，水分散失时间延长，多酚氧化酶长时间维持在高活性状态，导致多酚类氧化过多，干茶、叶底红变严重，成茶香气不足。

林章文等以福鼎大白一芽二叶、三叶为原料，采用低温炭焙（55 ～ 65℃）和高温炭焙（70℃）干燥 2h 处理茶叶。研究结果表明，低温炭焙和高温炭焙后成品茶水浸出物、游离氨基酸含量、茶多酚含量、可溶性糖含量以及咖啡碱含量无明显差异，高温炭焙成品茶香气物质 α－柏木烯、δ－杜松烯等与炭火、木质香气有关的物质含量更高，苯乙醛、橙花醇、芳樟醇以及二氢猕猴桃内酯等与花果香有关的物质含量更低。

乔小燕等以丹霞 2 号为实验原料，分析不同干燥温度下白茶的挥发性成分。研究结果表明，β－芳樟醇和水杨酸甲酯作为丹霞 2 号茶树香气的主要挥发性成分，具有显著的品种特性，但也受到干燥温度的影响。白茶中醇类、酯类的相对含量随干燥温度增加而降低；酮类、醛类、碳氢化合物和呋喃类含量则增加。

王子浩等以信阳群体种为原料研究不同干燥温度（60℃、80℃、100℃）对信阳群体种白茶品质及成分的影响。结果表明，80℃为干燥最佳温度。在萎凋时间相同的情况下，随着干燥温度的升高，茶多酚、儿茶素的含量逐渐增加，氨基酸含量则逐渐降低，咖啡碱、可溶性糖的含量变化趋势不明显，但基本都在干燥温度为 80 ℃时保持较高水平。

叶靖平等利用凌云白毫茶茶树品种研究不同干燥温度（50～90℃）对白茶品质的影响。研究结果表明，烘干温度为 70～80℃时白茶品质最佳，且温度过高或过低均会影响白茶成品品质。

## 3. 时间长短

烘笼烘焙成茶时间为 3～6h，烘焙时间需根据萎凋叶的水分含量决定。

## 二、干燥方式

白茶的干燥方式一般有自然晾干、风干或晒干以及烘焙，烘焙又可分为炭火烘焙和电烘焙两种方式。

### 1. 自然晾干、风干或晒干

室内自然晾干、风干或晒干常用于云南白茶的制作和全萎凋法制作政和白毫银针。政和白毫银针全萎凋法为茶芽在室内薄摊萎凋至含水分 20% ～ 30% 时移至强光下晒干。

采用自然晾干、风干或晒干制作的干茶毫色泽呈白银亮，叶绿素在相对低温状态下破坏较少，能较好地保留茶叶原始的色泽。但在相对低温状态下，茶叶内含物质转化较少，氨基酸、总糖量相比烘干较少，香气比较少，并带有青气。

### 2. 烘焙方式可分为炭火烘焙和电烘焙

相对于自然晾干、风干或晒干，炭火烘焙和电烘焙均为高温烘焙。在高温烘焙的过程中，低沸点醇、醛类香气物质异构化，青气消失，清香显现，氨基酸和糖类发生美拉德反应，白茶香气熟化和提升；滋味方面，儿茶素发生异构化，茶汤苦涩味降低；但干茶外形色泽因叶绿素被破坏，不如风干的颜色鲜艳，毫易发黄。

## 炭火烘焙

烘焙温度和萎凋叶含水量紧密相关，萎凋叶含水量在 10% 左右时，投叶摊放 0.75kg，70 ~ 80 ℃烘焙 15 ~ 20min 后即可烘干。萎凋叶含水量在 20% ~ 30% 时，需先使用明火（90 ~ 100℃）烘焙至含水量为 10% 左右，再下焙笼，然后用暗火（70 ~ 80℃）再焙 10 ~ 15min 左右即可。烘焙过程中可轻轻翻动，以保证受热均匀，避免梗叶分离。

## 电烘焙

电烘焙的温度与萎凋叶含水量紧密相关，萎凋叶含水量为 10% 时，用 80℃温度干燥，摊放厚度在 4cm 左右，转速缓慢，烘焙 20min 干燥一次。萎凋叶含水量在 20% ~ 30% 时，烘干需分两次进行，初烘温度为 100℃，历时 10min；摊凉后进行复焙，低速烘干，温度为 80 ~ 90℃，历时 20min 可完成烘焙。

## 如何判断烘焙适度？

手捻茶叶成粉末，茎梗折一下能断，含水量约为 6%。

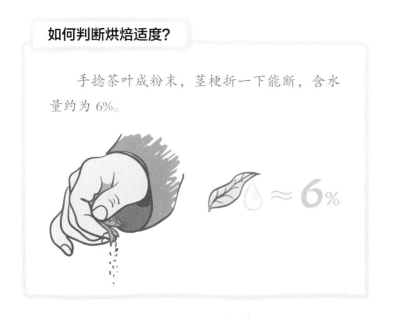

干燥方式不同，白茶成品茶品质和内含物质存在一定差异。

林章文等对比了炭焙干燥和电焙干燥对福鼎白茶品质的影响。结果表明，炭焙和电焙成品茶滋味物质游离氨基酸、咖啡碱、茶多酚和可溶性糖含量差异不显著，电焙成品茶水浸出物含量和儿茶素含量高于炭焙成品茶；香气物质方面，炭焙成品茶的二十烷、香叶醇和苯乙醇等烟烤味的香气物质含量高于电焙成品茶；β－紫罗兰酮、β－环柠檬醛与香叶基丙酮等具有花果香、清香类型物质的含量低于电焙成品茶。

　　黄刚骅等研究了不同干燥方式（阴干、阴晒结合、晒干和烘干）对云南白茶香气物质的影响。结果表明，阴干白茶清香带有毫香，晒干和阴晒结合干燥制作的成品茶有日晒味道，烘干制成的云南白茶带有花香，主要香气挥发性成分有6种，分别是 2- 庚醇、1- 辛烯 -3- 醇、芳樟醇、香叶醇、苯乙醛、β - 蒎烯。

　　林钰虹等以嫩度一致的福鼎大白和迎霜两个品种为研究对象，探究不同干燥方式对白茶品质和抗氧化活性的影响。由下表可知，以福鼎大白为例，工艺 B 制成的白茶水浸出物、茶多酚、游离氨基酸和儿茶素含量均高于工艺 A 和工艺 C，说明工艺 B 更有利于白茶品质的形成。黄酮含量低于工艺 A 和工艺 C，工艺 B 和工艺 C 的可溶性糖含量高于工艺 A，说明日晒工序有利于大分子糖的降解。以迎霜品种为例，工艺 B 制成的白茶水浸出物、茶多酚、游离氨基酸、可溶性糖等含量均高于工艺 A 和工艺 C。以上结果表明，短时速干、日晒及提香机干燥提香的混合加工工艺都比单一干燥方式所制白茶品质更优，抗氧化活性更强。

## 不同工艺下白茶理化成分含量　单位：%

| | 福鼎大白 | | | 迎霜 | | |
| --- | --- | --- | --- | --- | --- | --- |
| | 工艺A | 工艺B | 工艺C | 工艺A | 工艺B | 工艺C |
| 水浸出物 | 41.67±0.00b | 46.78±0.00a | 42.69±0.58b | 46.87±0.58a | 47.45±0.00a | 43.27±1.17a |
| 茶多酚 | 17.44±0.30b | 20.45±0.12a | 16.45±1.05b | 20.0±1.25ab | 21.01±0.97a | 16.71±0.25b |
| 游离氨基酸 | 6.70±0.15b | 7.83±0.06a | 6.67±0.08b | 7.03±0.08a | 7.09±0.01a | 6.32±0.12b |
| 黄酮 | 1.83±0.1ab | 1.76±0.01b | 1.86±0.02a | 1.69±0.21a | 1.74±0.01a | 2.11±0.02a |
| 可溶性糖 | 1.88±0.21b | 2.92±0.10a | 2.5±0.30ab | 2.24±0.38a | 3.12±0.56a | 2.46±0.17a |
| 儿茶素总量 | 8.73±0.50b | 15.69±0.17a | 9.82±0.62b | 9.80±2.02b | 15.46±0.35a | 9.26±0.61b |

注：同列不同字母表示具有显著性差异（$p < 0.05$）。

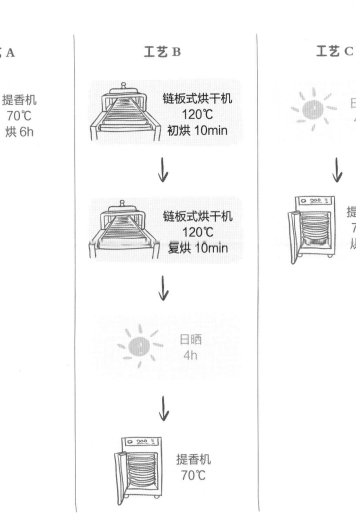

**工艺 A**

提香机
70℃
烘 6h

**工艺 B**

链板式烘干机
120℃
初烘 10min

↓

链板式烘干机
120℃
复烘 10min

↓

日晒
4h

↓

提香机
70℃

**工艺 C**

日晒
4h

↓

提香机
70℃
烘 2h

A、B、C 工艺处理方案

# 白茶的精制
## 与再加工密码

鲜叶经过初制后，不能直接出厂成为产品，必须经过精制或再加工，经检验合格后才能上市。

*白茶的精制主要包括除杂、匀堆、压制、提香干燥等工作。*

*白茶再加工主要包括蒸压、干燥等工序。*

在夏涛教授主编的第三版《制茶学》里，将茶叶分为六大基本茶类（绿茶、红茶、青茶、白茶、黄茶、黑茶）和再加工茶类（花茶、紧压茶、萃取茶、果味茶、药用保健茶、含茶饮料）。在《茶叶加工技术规程 GH/T 1077—2011》里，把加工分为原料加工、初制、精制、再加工和包装五个环节。

# 一、白茶的除杂

茶叶，被誉为"世界三大饮料之一"。作为一种可以用开水直接冲泡的饮品，茶叶是不允许含有非茶类杂质的。

《茶叶卫生标准 GB 9679—88》中明确指出，白茶"不得混有异种植物叶，不得含非茶类杂质"。在《白茶 GB/T 22291—2017》中也明确指出，白茶应"具有正常的色、香、味，不含有非茶类物质和添加剂，无异味、无异嗅、无劣变"。

## 1. 白茶的杂质指的是什么？

狭义上来讲，杂质指的是原叶茶中所有非茶类物质，如石头、毛发、塑料、昆虫尸体等。

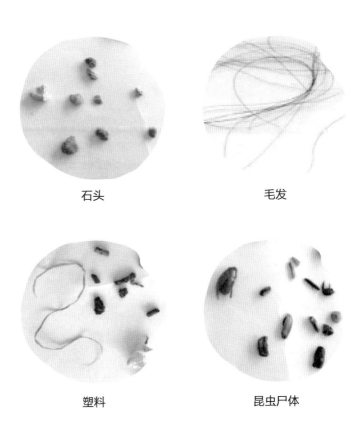

石头                    毛发

塑料                    昆虫尸体

广义上来讲，杂质除了原叶茶中所有非茶类物质以外，还包含成品茶中非饮用功能的老叶黄片、茶毛团、茶梗、茶果等茶类杂质。

茶梗、茶果　　　　　　　　　　茶毛团

## 9. 杂质对人的影响有哪些？

茶叶杂质对人的影响主要体现在精神上和身体上。

精神上：茶叶中含有的毛发、昆虫尸体等会引起消费者在品饮时的不适感。

杂质引起不适感

　　身体上：茶叶中的石子、玻璃、金属，可能会导致消费者在品饮时误食，从而造成身体上的伤害。

玻璃 / 金属 / 石子

### 3. 白茶中的杂质

白茶中的杂质主要有竹片、草籽、树叶、松针、草梗、稻谷、木屑、毛线、毛发、虫子、塑料、石头、玻璃、纸屑、瓜果壳、金属、羽毛等。

#### 白茶中的杂质到底有多少?

不同等级的白茶由于采摘时间不同,加工过程的管理水平不同,茶叶杂质含量也有较大差异。

下面以每100kg白茶中含有的杂质数量进行举例说明。

#### 2022 年市场某公司寿眉抽检杂质含量

| 杂质分类 | 分类统计<br>(个/100kg) | 主要杂质 | 具体数量<br>(个/100kg) | 占比<br>(%) | 占比统计<br>(%) |
|---|---|---|---|---|---|
| 茶类杂质 | 185 | 茶籽、茶梗 | 185 | 100.0 | 100.0 |
| 植物性杂质 | 1433 | 草梗<br>竹片<br>木屑 | 1294<br>99<br>18 | 90.3<br>6.9<br>1.3 | 98.5 |
| 恶性杂质 | 1343 | 塑料<br>石头<br>毛发<br>虫子<br>虫卵 | 525<br>338<br>195<br>118<br>112 | 39.1<br>25.2<br>14.6<br>8.8<br>8.3 | 95.9 |

## 2022 年市场某公司牡丹抽检杂质含量

| 杂质分类 | 分类统计<br>（个/100kg） | 主要杂质 | 具体数量<br>（个/100kg） | 占比<br>（%） | 占比统计<br>（%） |
|---|---|---|---|---|---|
| 茶类杂质 | 657 | 茶籽、茶梗 | 657 | 100.0 | 100.0 |
| 植物性杂质 | 979 | 草梗 | 692 | 70.7 | 93.3 |
| | | 竹片 | 66 | 6.7 | |
| | | 松针 | 119 | 12.2 | |
| | | 木屑 | 36 | 3.7 | |
| 恶性杂质 | 770 | 塑料 | 261 | 33.8 | 87.8 |
| | | 石头 | 195 | 25.3 | |
| | | 毛发 | 128 | 10.0 | |
| | | 虫子 | 38 | 4.9 | |
| | | 虫卵 | 56 | 7.3 | |

## 2018 年市场某公司银针抽检杂质含量

| 杂质分类 | 分类统计<br>（个/100kg） | 主要杂质 | 具体数量<br>（个/100kg） | 占比<br>（%） | 占比统计<br>（%） |
|---|---|---|---|---|---|
| 茶类杂质 | 185 | 茶籽、茶梗 | 185 | 100 | 100.0 |
| 植物性杂质 | 270 | 草梗 | 200 | 74.1 | 96.3 |
| | | 竹片 | 20 | 7.4 | |
| | | 松针 | 20 | 7.4 | |
| | | 木屑 | 20 | 7.4 | |
| 恶性杂质 | 145 | 石头 | 60 | 41.4 | 96.6 |
| | | 虫子 | 25 | 17.2 | |
| | | 毛发 | 25 | 17.2 | |
| | | 线头 | 15 | 10.3 | |
| | | 纸屑 | 15 | 10.3 | |

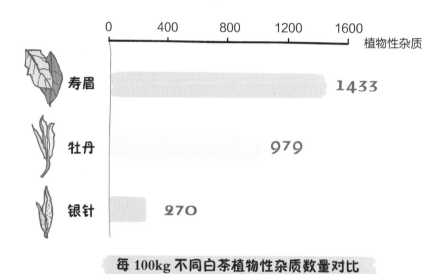

每 100kg 不同白茶植物性杂质数量对比

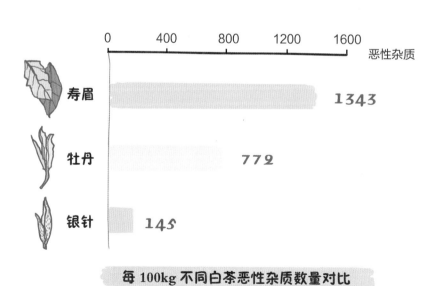

每 100kg 不同白茶恶性杂质数量对比

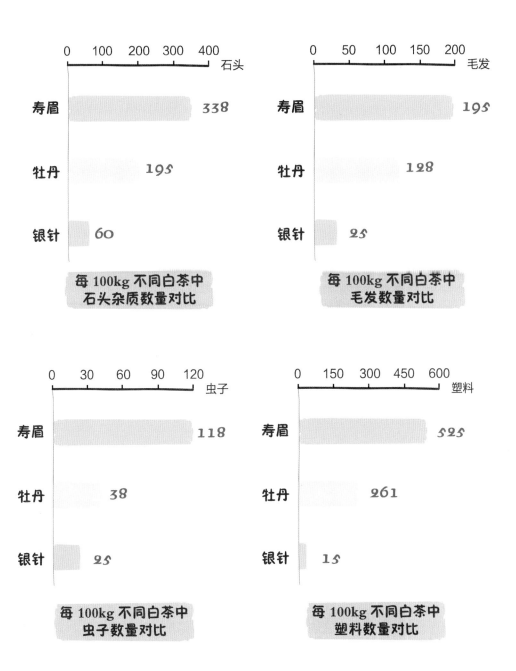

每 100kg 不同白茶中
石头杂质数量对比

每 100kg 不同白茶中
毛发数量对比

每 100kg 不同白茶中
虫子数量对比

每 100kg 不同白茶中
塑料数量对比

## 4. 白茶杂质来源分析以及改善对策

白茶中的杂质来源广泛，具体可能来自鲜叶采摘、鲜叶运输、白茶加工、包装等环节，其中主要来自鲜叶采摘和白茶加工两个环节。

| | 杂质分类 | 产生原因 | 改善措施 |
|---|---|---|---|
| 鲜叶采摘 | 茶籽、茶梗 | 采摘时带入 | 提高鲜叶采摘验收标准 |
| | 竹片 | 采茶篓破损 | 检查更换采茶器具 |
| | 塑料 | 采用塑料编织袋装鲜叶 | 杜绝用塑料编织袋运鲜叶 |
| | 毛发 | 采摘工未戴帽子 | 采摘工戴帽防护 |
| | 石头 | 采茶篓放地上，石头从缝隙中带入 | 采用平底篓或加强防护意识 |
| | 虫子 | 气温高，茶园中害虫增多 | 采摘尽量避开4月底、5月初 |
| 加工环节 | 竹片、木屑 | 传统晒青、萎凋设备破损掉落 | 采用新型设备进行萎凋或加强维护更换 |
| | 金属 | 设备老化掉落 | 每年开采前对所有设备进行维护检修 |
| | 石头 | 墙壁、房顶掉落，地上加工 | 每年对房顶墙壁进行检修，避免在地上直接加工 |
| | 虫子 | 加工过程中，外部昆虫进入 | 车间门窗加纱窗和灭蝇灯 |
| | 毛发 | 车间工人未戴帽防护 | 车间工人戴帽防护 |

## 5. 主要除杂设备及除杂能力分析

目前市场上的除杂设备分传统型和现代型两大类。

传统除杂设备主要有风选机、筛分机。

现代除杂设备主要有静电毛发机、色选机、X光机、履带式 KI 除杂机、除杂机器人等。

### 风选机

风选机主要是利用风力将不同比重的物料进行分离，轻飘的毛发、鸟毛、细小塑料丝比茶叶轻，吹得更远；比茶叶重的石子、玻璃、金属等杂质吹得更近，从而达到分离的效果。

不同品类、不同等级的原料，可以通过调频器调节风力大小。在使用过程中要注意不能将茶叶过多带入杂质口。

## 笔者 2018 年测试某批白茶数据

| 杂质名称 | 杂质投入数量（个） | 正口杂质数量（个） | 重口杂质数量（个） | 轻口杂质数量（个） | 杂质数量差异原因 | （轻口+重口）剔除率（%） |
|---|---|---|---|---|---|---|
| 塑料丝 | 5 | 1 | 0 | 4 | | 80.0 |
| 塑料块 | 5 | 0 | 5 | 0 | | 100.0 |
| 金属 | 6 | 0 | 6 | 0 | | 100.0 |
| 石头 | 10 | 0 | 10 | 0 | | 100.0 |
| 玻璃 | 10 | 0 | 9 | 0 | 人工未拣出/机器残留 | 90.0 |
| 纸屑 | 10 | 1 | 0 | 8 | 人工未拣出/机器残留 | 80.0 |
| 草梗 | 4 | 3 | 0 | 0 | 人工未拣出/机器残留 | 0.0 |
| 竹片 | 6 | 4 | 1 | 2 | 原茶残留 | 50.0 |
| 稻谷 | 10 | 0 | 10 | 0 | | 100.0 |
| 茶梗 | 11 | 1 | 3 | 0 | 人工未拣出 | 27.3 |
| 毛发 | 5 | 0 | 0 | 5 | 原茶残留 | 100.0 |
| 茶果 | 10 | 0 | 4 | 0 | 人工未拣出/机器残留 | 40.0 |
| 昆虫 | 5 | 2 | 0 | 1 | 人工未拣出/机器残留 | 20.0 |
| 瓜子壳 | 6 | 6 | 1 | 0 | 原茶残留 | 16.7 |

从上表可以看出，比较轻的杂质剔除率：塑料丝 80%、纸屑 80%、毛发 100%；比较重的杂质剔除率：塑料块 100%、金属 100%、石头 100%、玻璃 90%、稻谷 100%。

**茶叶风选机**

## 静电毛发机

静电毛发机主要有高压静电式和滚筒摩擦静电式两种，这里主要介绍滚筒摩擦静电毛发机。

静电毛发机主要由上料机、静电滚筒振动床、出料设备组成。静电滚筒振动床通常由 4 ～ 8 个滚筒静电发生器组成，可以根据需要对物料进行多次除杂。静电滚筒上安装上下调节器，可以通过调整滚筒与物料之间的距离来调节静电吸力大小。

说明：由于静电毛发机的原理是靠摩擦起静电产生吸力，环节湿度对静电产生效率影响较大，故在使用过程中，要求对车间湿度进行控制，通常控制在 60% 为宜。

静电毛发机对茶叶中轻飘的杂质有很好的剔除效果，如毛发、纸屑、草梗、松针、竹叶等。

下面，以某单位在 2022 年 6 月 13 日用 54kg 白牡丹过风选、静电、色选除杂线为例，说明静电毛发机对毛发、草梗的剔除效果。

## 白牡丹降杂测试报告

| 降杂方式 | 毛发 | | 草梗 | | 未剔除 | | | | 风选+静电+色选剔除 | | | | 杂质总数 | |
|---|---|---|---|---|---|---|---|---|---|---|---|---|---|---|
| | 剔除数量 | 剔除率 | 剔除数量 | 剔除率 | 毛发 未剔除数量 | 毛发 未剔除率 | 草梗 未剔除数量 | 草梗 未剔除率 | 毛发 剔除数量 | 毛发 剔除率 | 草梗 剔除数量 | 草梗 剔除率 | 毛发 | 草梗 |
| 风选 | 4 | 7.84 | 33 | 11.22 | | | | | | | | | | |
| 静电 | 38 | 74.51 | 138 | 46.94 | 6 | 11.76 | 19 | 6.46 | 45 | 88.24 | 275 | 93.54 | 51 | 234 |
| 色选 | 3 | 5.82 | 104 | 35.37 | | | | | | | | | | |

从上表可以看出，风选＋静电＋色选，能剔除88.24％的毛发和93.54％的草梗。其中，静电毛发机剔除率分别占到74.51％和46.94％，说明这两类杂质的剔除主要是静电毛发机在发挥作用。

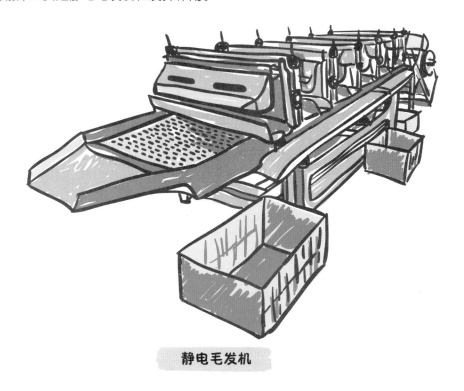

**静电毛发机**

### 色选机

色选机工作原理：物料通过溜槽上端的振动给料器，沿着溜槽加速滑入分拣箱，从图像处理传感器和后台设备之间穿过。在光源的作用下，传感器接收来自被选物料的合成光信号，使系统产生输出信号，经计算处理系统，然后控制系统发出指令，驱动喷射电磁阀将不同颜色、不同形状的颗粒吹进出料斗的次品槽内流走，被选好的物料继续落到料斗的成品槽中流出，以达到精选、除杂的目的。

料斗

振动给料器

溜槽

传感器

光源

信号处理机

喷阀

压缩空气

次品槽

成品槽

**色选机工作原理**

在市场上，色选机的规格型号比较多。按层数分，有单层和多层两种；按光源分，有普通光源和红外光源两种；按图像拍照方式分，有单面和双面两种。也可以是上面几种方式的组合。

初期，色选机主要应用在茶叶精加工环节，就是根据茶叶、茶梗、茶黄片的形状或颜色不同进行分离，达到去梗、去黄片、选芽头（如红茶中的芽头）的目的。近几年，随着市场对茶叶洁净度要求的提高，色选机逐渐应用到了除杂环节。理论上，只要杂质与茶叶色泽、形状、密度不同或有明显的差异，色选机都能剔除，但实际上，不同杂质的物理特性不同，剔除效率也不同。

下面以笔者在 2017 年 12 月开展的白茶色选机除杂测试为例，说明色选机的除杂效果。

5 白茶的精制与再加工密码

## 测试数据

| 测试时间 | 2017.12 | 茶叶带出率 | 9.00% |
|---|---|---|---|
| 测试数量 | 7.46kg | 茶叶损耗率 | 0.39% |
| 物料 | 白牡丹 | 色选效率 | 66kg/h |

| 杂质名称 | 杂质投入数量（个） | 剔除数量（个） | 未剔除杂质数量（个） | 杂质剔除率(%) |
|---|---|---|---|---|
| 扫把梗 | 26 | 26 | 0 | 100.0 |
| 老鼠屎 | 8 | 8 | 0 | 100.0 |
| 茶梗 | 24 | 24 | 0 | 100.0 |
| 昆虫 | 7 | 6 | 1 | 85.7 |
| 石头 | 17 | 14 | 3 | 82.4 |
| 纸片 | 6 | 4 | 2 | 66.7 |
| 竹片 | 36 | 22 | 14 | 61.1 |
| 茶果 | 17 | 10 | 7 | 58.8 |
| 头发 | 4 | 2 | 2 | 50.0 |
| 塑料带 | 11 | 5 | 6 | 45.5 |
| 杂草 | 14 | 6 | 8 | 42.9 |
| 稻谷 | 4 | 0 | 4 | 0.0 |

## 性能分析

| 性能指标 | 结果 | 结论 |
| --- | --- | --- |
| 茶叶带出率 | 9.00% | 茶叶带出率低 |
| 茶叶损耗率 | 0.39% | 茶叶损耗小 |
| 色选效率 | 66kg/h | |

| 杂质名称 | 杂质剔除率（%） | 说明 |
| --- | --- | --- |
| 茶梗 | 100.0 | 共准备 24 根茶梗，在正口中没有发现茶梗 |
| 昆虫 | 85.7 | 对于尺寸在 7mm 以上的昆虫剔除效果较好，7 个选出了 6 个 |
| 纸片 | 66.7 | |
| 石头 | 82.4 | 对于尺寸在 3mm 以上的石子剔除效果好 |
| 竹片 | 61.1 | |
| 扫把梗 | 100.0 | 共准备 26 根扫把梗，在正口中没有发现扫把梗，剔除效果好 |
| 茶果 | 58.8 | |
| 老鼠屎 | 100.0 | 共准备 8 颗老鼠屎，在正口中没有发现老鼠屎 |
| 头发 | 50.0 | 轻飘物 |
| 塑料带 | 45.5 | 轻飘物 |
| 杂草 | 42.9 | |
| 稻谷 | 0.0 | |

　　从上表可以看出，色选机对大多数杂质都有剔除效果，只是不同杂质的剔除效果差异比较大。色选机对茶梗、扫把梗、尺寸大于 7mm 的虫子、大于 3mm 的石子剔除效果比较好，剔除率大于 80%；对竹片、茶果、头发的剔除率大于或等于 50%；对于其他杂质，如杂草、塑料带的剔除效果一般，低于 50%。

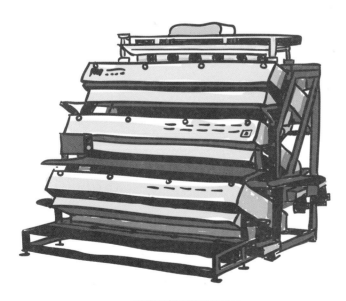

茶叶色选机

## X 光机

主要是利用 X 光的穿透性，集合光电技术，融合计算机、数字信号处理等技术，通过视觉和模式识别将图像的信息进行区分、提取、判别，最终实现异物处理。不同密度的物质，X 光的穿透率不一样，X 光机正是利用这一特性对石头、玻璃、金属、骨头进行识别和剔除，从而达到除杂的目的。

X 光机主要适用于剔除密度比茶叶明显大的杂质，如石头、玻璃、金属、骨头等杂质，但对于密度过小的杂质，剔除效果不明显。X 光机主要适用于剔除以下规格的杂质：石子直径 >1.2mm，剔除率 >95%；金属直径 >0.8mm，剔除率 >95%；玻璃直径 >1.2mm，剔除率 >95%；骨头直径 >1.5mm，剔除率 >95%。下面，以 2kg 白茶中混入杂质进行剔除测试为例进行说明。

| 杂质名称 | 上机前杂质数量（个） | 色选机剔除 | | 色选机剔除率（%） |
|---|---|---|---|---|
| | | 正口（个） | 杂质口（个） | |
| 石头 | 20 | 0 | 20 | 100 |
| 金属 | 16 | 1 | 15 | 94 |
| 玻璃 | 10 | 0 | 10 | 100 |
| 塑料 | 10 | 3 | 7 | 70 |
| 稻谷 | 20 | 17 | 3 | 15 |
| 木秆 | 5 | 5 | 0 | 0 |

从上面测试数据来看，X 光机对石头、玻璃的剔除率达到 100%，对金属的剔除率也接近 100%，而对稻谷、木秆等密度与茶叶相似的植物性杂质基本没有剔除效果。

## 履带式 KI 除杂机

履带式 KI 除杂机是一种具有双视可见光视镜并辅配双视红外的精选除杂设备，是集光、机、电、气于一体的高科技产品，可将被选物中的杂质自动剔除，具有选别精度高、效率高、操作保养简单、结构紧凑、造型美观的特点。与传统多层色选机相比，履带式 KI 除杂机具有明显的损耗低、易清洁、精度高的特点。可广泛应用于茶叶中恶性杂质（塑料、木屑、纸片、石子、玻璃、烟头、虫子等）的分选剔除。

下表为 2021 年 12 月测试白牡丹的数据。

| 物品名称 | 白牡丹 | 带出量 | 0.45kg |
| --- | --- | --- | --- |
| 投料量 | 5.1kg | 带出率 | 8.80% |

| 杂质名称 | 投放杂质（个） | 剔除数量（个） | 未剔除数量（个） |
| --- | --- | --- | --- |
| 木屑 | 25 | 20 | 5 |
| 纸屑 | 25 | 25 | 0 |
| 稻谷 | 25 | 25 | 0 |
| 棕毛 | 25 | 15 | 10 |
| 石子 | 25 | 20 | 5 |
| 塑料 | 25 | 25 | 0 |
| 绒毛 | 25 | 15 | 10 |
| 虫子 | 25 | 25 | 0 |

从上表可以看出，履带式 KI 色选机对木屑、纸屑、稻谷、石子、塑料、虫子均有明显剔除效果。此设备与传统设备相比具有选别精度高、损耗低的特点，不足点是效率稍低，主要应用于原料价值高的名优茶、中高端茶的茶叶除杂。

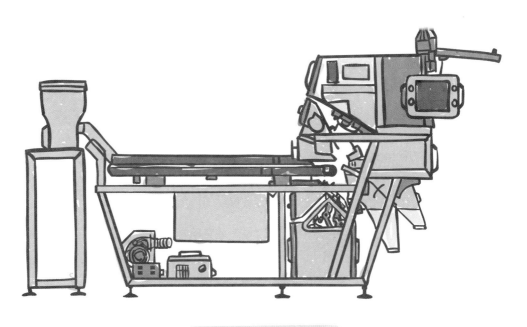

履带式 KI 除杂机

## 除杂机器人

除杂机器人是一种具有可见光视镜并配备机器人精准剔除的精选设备。该设备采用了最新的高分辨率可见线阵相机、定制的高清镜头、高速数据处理器、先进 AI 智能算法，是集光、机、电、气于一体的高科技产品。

除杂机器人可将被选物料中的杂质自动剔除，具有选别精度高、效率高、操作保养简便、结构紧凑、造型美观等特点。可用于茶叶杂质（如塑料、木屑、纸片、石子、头发等）的分选。

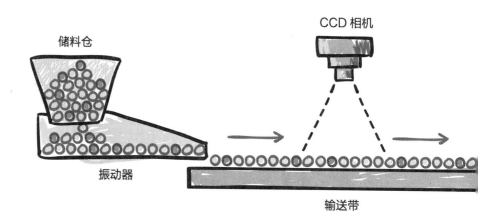

**除杂机器人原理示意图**

待选物料从储料仓进入机器，通过振动器的振动，待选物料落在输送带上随输送带运动。输送带上的物料从相机正下方穿过，在光源的作用下，传感器接收来自物料的反射光，经过控制系统处理后产生输出信号，驱动机器人剔除装置开始工作，将其中的剔除物拾取至接料斗的废料腔内，剩余物料继续下落至接料斗的成品腔内，从而达到精选物料的目的。

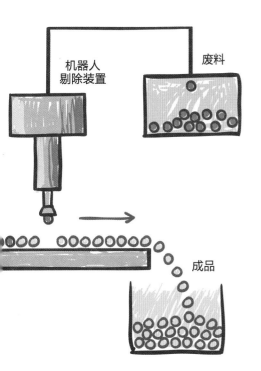

设备核心技术参数：

| | |
|---|---|
| 单位时间生产率 (kg/h) | 处理量 ≥ 16（金骏眉） |
| 破碎率 (%) | < 2 |
| 剔除率 (%) | ≥ 85 |
| 一次带出率（%） | < 2 |
| 供电电源 (V) | 200 ~ 300，47 ~ 63Hz（AC） |
| 额定功率 (kW) | 4.7 |

下面以 5kg 白毫银针为测试对象，投放 95 个杂质，测试情况如下表所示。

| 物品名称 | 白毫银针 | 杂质投放 | 95 个 |
|---|---|---|---|
| 投料量 | 5kg | 测试日期 | 2021.12.25 |

| 杂质种类 | 投放数量（个） | 剔除数量（个） | 未剔除数量（个） |
|---|---|---|---|
| 纸屑 | 5 | 4 | 1 |
| 线头 | 5 | 5 | 0 |
| 石头 | 5 | 5 | 0 |
| 木屑 | 5 | 3 | 2 |
| 米粒 | 5 | 5 | 0 |
| 绒毛（白色） | 5 | 4 | 1 |
| 辣椒籽 | 5 | 5 | 0 |
| 头发 | 5 | 5 | 0 |
| 木炭 | 5 | 4 | 1 |
| 瓜果壳 | 5 | 4 | 1 |
| 竹片 | 5 | 5 | 0 |
| 草梗 | 5 | 5 | 0 |
| 稻谷 | 5 | 4 | 1 |
| 塑料 | 5 | 5 | 0 |
| 棕毛 | 5 | 5 | 0 |
| 松针 | 5 | 4 | 1 |
| 金属丝 | 5 | 4 | 1 |
| 虫子 | 5 | 4 | 1 |
| 草籽 | 5 | 5 | 0 |
| 合计 | 95 | 85 | 10 |
| 剔除率 | | 0.89 | |

　　从上表可以看出，由于除杂机器人通过算法对杂质进行学习、识别和剔除，所以对所有杂质均有明显剔除效果。理论上，只要是人能识别的杂质，机器人也能进行识别和剔除。综合上表数据，设备一次性除杂率达到 89%。不足之处是由于需要机械手一个一个对杂质进行剔除，效率不高，只有 15kg/h 左右。当然，原料杂质含量不同，剔除效率也会有较大差异。

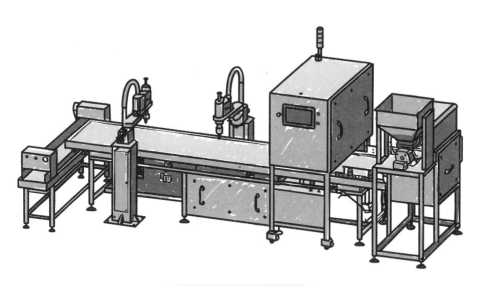

**除杂机器人结构图**

## 除杂生产线设计方案

由于茶叶中的杂质种类繁多，不同除杂设备的工作原理不同，剔除杂质种类、杂质剔除率、除杂效率也不尽相同，所以白茶的除杂生产线不可能是一台设备完成所有杂质的剔除工作，一定是各种设备发挥各自特长和优势，进行设备组合，组成除杂生产线。

另外，不同等级的白茶，茶叶的价值、含杂率、易碎性不同，也需要不同的除杂组合。具体各个等级的原料可以参照以下设备方案。

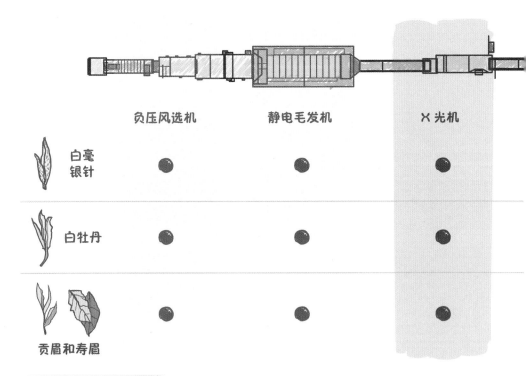

白茶除杂组合生产线

白茶生产厂家往往都不是只生产一种茶，通常不同等级、不同品类的茶均生产，无法做到每一个等级都做一条除杂线。合理的除杂线是将多种除杂设备组合成一条功能强大的除杂线，在实际生产过程中，根据不同茶叶的特性，有选择性地过几种除杂设备。

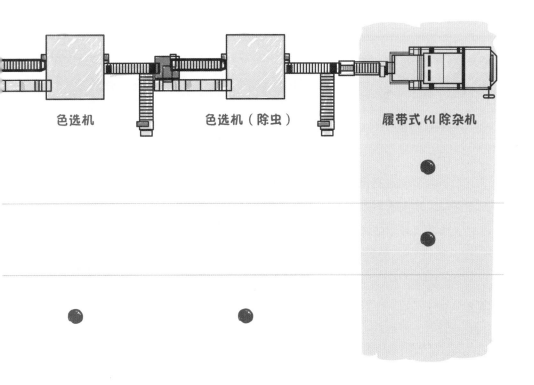

色选机　　　　　色选机（除虫）　　　　履带式 KI 除杂机

# 二、白茶的匀堆

由于毛茶品质特征不同，在付制之前需要对原料进行适当的选配、调剂，充分发挥原料的经济价值，使加工后的产品达到规定的质量标准要求。原料选配是根据历年和当年毛茶进厂的数量与质量的实际情况，合理选配，并将不同品种、不同产区、不同季节的茶按一定比例进行拼配，保证全年加工的产品前后质量一致。

拼配的方式主要有人工拼配和机械拼配两种方式，而机械拼配主要有滚筒式匀堆机、柜式匀堆机和流量控制匀堆机三种形式。

## 1. 人工拼配

人工拼配，就是将不同料号的茶倒在洁净的地面上，进行人工搅拌，从而达到不同料号茶之间的匀和。人工拼配依据倒料方式，主要有四种方法。

① 层堆法。适用于条索紧结或是球形、半球形茶叶，且要求车间大。

层堆法主要是将不同料号的茶一层一层地平铺在地上，再从一头开始翻堆。在翻堆时，不同层物料下落混合达到第一次混合的目的。在往另一边翻动时，让每一锹料从堆的最高点下落，使料从上面往下滑落，达到第二次混合的目的。通常翻堆一至二次，不适合白茶匀堆。

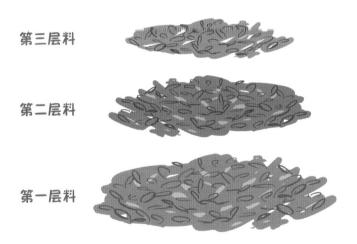

**第三层料**

**第二层料**

**第一层料**

### 层堆法拼配示意

优势: 可匀大堆( 前提条件是车间大 )，但不能太高。

缺点: 损耗大、劳动强度大、粉尘大。

② 单堆法。适用于小批量的拼配。

单堆法主要是将不同料号的茶从上空某一相对固定点往下倒，使每一次倒料，都是从锥体的顶部开始沿锥体四面开始下落，然后从某一边开始翻堆。翻堆时，每一锹的料也是从新堆的顶部往下落。通常翻堆二至三次，不适合白茶匀堆。

**单堆法拼配示意**

优势：灵活，适合于小批量的拼配，通常 500kg 以内。

缺点：批量小、卫生情况差、粉尘较大、损耗大。

③ 长堆法，也叫地垄倒料法。适用于多口料且体量大的拼配，但要求场地大。

长堆法就是将每一口料倒一长条；若是两口料，先合并成一个长条，然后再堆成一个圆堆；若是三口料，先将两边料合并到中间料，然后再堆成一个圆堆；若是多口料，可以逐步合并成一个长条，然后再翻成一个圆堆。翻成圆堆后通常再翻一至两遍，适合白茶匀堆。

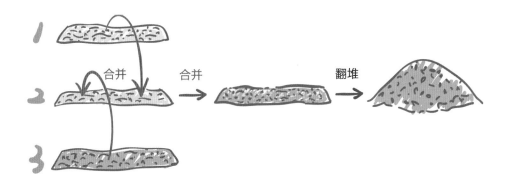

**长堆法拼配示意**

优势：可匀大堆，可以多口料，且每口料量要大。

缺点：劳动强度大、粉尘大，车间要大。

④ 多堆法。适用于多口料，且对每口料的多少无要求的拼配。

多堆法就是将每一口料倒成一个圆堆，然后多人按照料的多少有节奏地堆成一个圆堆，然后再翻成一个圆堆。翻成圆堆后通常再翻一至两遍，适合白茶匀堆。

**多堆法拼配示意**

优势：可匀大堆，可以多口料，且对每口料的多少无要求。

缺点：人员多、粉尘大。

## 2. 机械拼配

目前主要有三种方式：滚筒式匀堆机、柜式匀堆机、流量控制匀堆机。

### （1）滚筒式匀堆机。

工作原理：通过输送带，将不同物料送到一个相对密闭的罐体内，通过转动罐体 2～4 小时，使物料在筒内翻滚、掉落，从而达到混合的目的。滚筒式匀堆机由上料机构、滚筒、出料机构等部件组成。

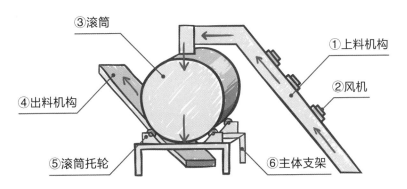

滚筒匀堆机工作原理示意图

优势：自动进料、匀堆、出料，混合均匀。

缺点：产能小、损耗大。

**（2）柜式匀堆机。**

工作原理：输送带将不同物料均匀地一层一层平铺在柜体中，然后通过柜体底下的输送带将物料从柜体的一头输出。在末端加一匀料爪，在不同层物料下落过程中，进一步匀和，从而达到混合目的。

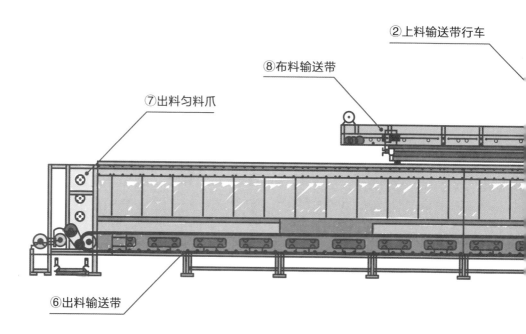

**柜式匀堆机结构示意图**

优点：相对单批次产能大，可一次性对多品种单号茶进行一次拼配。

不足：投资规模大、占地面积大、单批次量太少不适用、匀堆欠均匀。

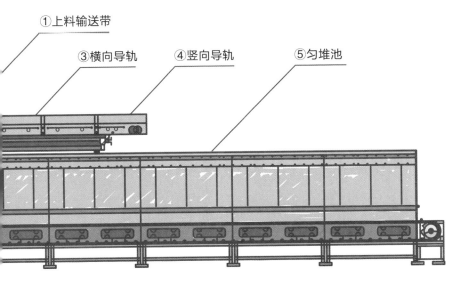

①上料输送带

③横向导轨　　④竖向导轨　　⑤匀堆池

**（3）流量控制匀堆机。**

工作原理：就是将不同型号的原料，通过不同的输送带，按设定的投料速度，源源不断地送至集中点，再对汇集后的料进行短时间的混合，从而达到混合的目的。

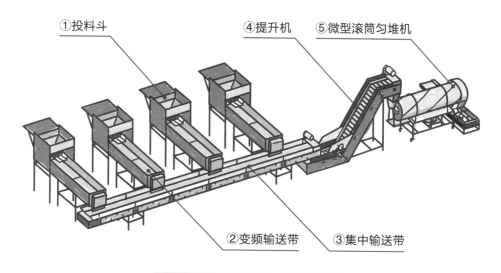

①投料斗　　④提升机　⑤微型滚筒匀堆机

②变频输送带　③集中输送带

**流量控制匀堆机结构示意图**

优点：单批次产能不限、匀堆均匀、占地面积小、损耗小、效率高。

不足：一次性原料规格不能太多，通常 4～8 种。

# 三、白茶提香

## 1. 为什么要进行提香

主要原因有两个：除异味和控制水分。

由于茶叶在精制、除杂过程中，长时间在车间中与环境和人接触，难免会吸收一些杂的气味和空气中的水分，故需要在装箱前进行复火提香。

## 2. 白茶提香的分类

白茶提香主要有两种：散茶提香与白茶饼茶烘干提香。

散茶提香：白茶散茶在贮存和精加工过程中，可能吸收了空气中的水分和异味，在进行包装或压制前进行提香作业，可以达到干燥除味的目的。

白茶饼茶烘干提香：白茶饼茶在压制前，为了保证茶叶成型和不易碎，需要对白茶饼茶原料进行蒸、压作业。这样白茶饼茶的含水量会超过国家标准含水量的要求，故需要对白茶饼茶进行烘干提香作业。

### 3. 怎么进行提香

白茶散茶提香：在散发水分的同时，也促进了茶叶品质的转化，使茶香气进一步提升，口感变得更加甜醇。为了长期保存，白茶的提香温度通常为 60 ～ 80℃，提香时间通常为 5 ～ 10 分钟，不同原料的提香时间不同，一般要求白茶含水量应达到 6.5% 以下。

白茶饼茶烘干提香：白茶饼茶烘干提香主要有两个作用，一是去除压制前蒸茶过程中吸收的水分，二是进一步提高茶叶的香气。为了找出最佳的烘干提香温度和时间，我们做了以下对比测试。

| 组别 | 提香温度 | 提香时间 | 含水量 |
|---|---|---|---|
| 1 | 60℃ | 24h | 6.4% |
| 2 | 50℃ | 36h | 6.3% |
| 3 | 40℃ | 48h | 6.4% |

通过上面几组烘干测试，我们发现采用 60℃ 进行烘干提香时，茶叶香气带火气；采用 40℃ 进行烘干提香时，茶叶香气稍带水闷气。采用 50℃ 进行烘干提香，且提香时间达到 36 小时，茶叶含水量在 6.5% 以下，且香气最好。

# 四、白茶压制

## 1. 紧压白茶发展概述

### （1）发展概况。

根据原料老嫩不同，白茶分为白毫银针、白牡丹、贡眉、寿眉，然而由于白茶不炒不揉的工艺，也造成了白茶松散，不易包装、存储，不易携带的特征。为了解决这一问题，紧压白茶应运而生。

茶饼起源于何时？又是如何发展的？

陆羽在《茶经》中详细记载了蒸青的制茶工艺："晴，采之，蒸之，捣之，拍之，焙之，穿之，封之，茶之干矣。"其中，"穿之"之意应为在茶饼中间凿一个洞，用绳子穿起来。由此可见，茶饼最迟出现应不晚于唐代。宋代大文人欧阳修在《归田录》中写道："茶之品，莫贵于龙凤，谓之团茶，凡八饼重一斤。"宋代熊蕃在《宣和北苑贡茶录》中有"特制龙凤模"的记载。宋代，人们对茶饼的饼形有了美观上的明确要求。明代建朝伊始，仍以宋代的团饼茶进贡，明太祖朱元璋深思百姓疾苦，认为制作团茶"重劳民力"，遂废团为散，罢造龙团，改进芽茶。清代以来，有部分茶饼的记载。

1989 年 3 月 1 日，国家技术监督局颁布了《GB/T 9833.1—1988 紧压茶花砖茶》，它是国内第一份紧压茶的标准，然而标准的适用范围为"以三级黑毛茶为主要原料，经过毛茶筛分、半成品拼配、蒸汽沤堆、压制定型、干燥、成品包装等工艺过程制作的花砖茶"。同一时期发布的紧压茶的相关国家标准、商业标准有 10 余份，均是适用于黑茶这一茶类的。

2015 年 7 月 3 日，国家质量监督检验检疫总局、国家标准化管理委员会发布《GB/T 31751—2015 紧压白茶》，于 2016 年 2 月 1 日实施。至此，紧压白茶才有了标准依据，由白毫银针茶、白牡丹茶、贡眉茶、寿眉茶制作的紧压白茶走向快速发展道路。

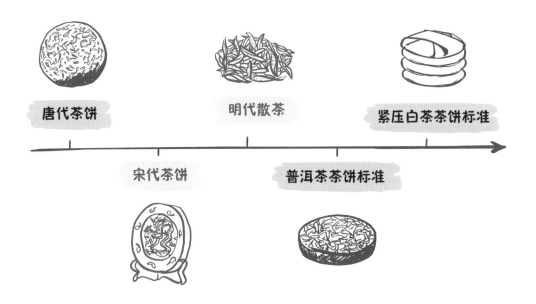

**（2）紧压白茶的要求。**

基本要求：所使用原料均符合产品执行标准的要求，包括感官品质、水分、总灰分、茶梗、水浸出物、卫生指标等的要求；对于白毫银针、白牡丹的原料，需要对茶梗进行拣剔，不得含有茶梗；对于贡眉的原料，含有茶梗量不得超过 2%；对于寿眉的原料，含有茶梗量不得超过 4%。所有原料在压饼之前需要对茶叶进行精制除杂，要求不得有危害人体健康的杂质和其他夹杂物。

完整度要求：茶叶原料的完整度情况与蒸压之后的茶饼品质密切相关，原因有二，其一原料碎，在蒸压过程中吸水量大，茶饼外观色泽变黑，且茶饼表面呈现为碎末状；其二原料碎，在冲泡过程中松散快，容易造成前几泡浸出率高，后面几泡浸出率低，茶饼不耐泡的情况。

## 2. 紧压白茶的品质

### （1）紧压白茶不分等级。

紧压白茶是以白茶（白毫银针、白牡丹、贡眉、寿眉）为原料，经整理、拼配、蒸压定型、干燥等工序制成的产品。紧压白茶根据原料要求的不同，分为紧压白毫银针、紧压白牡丹、紧压贡眉和紧压寿眉四种产品，每种产品均不分等级。

### （2）白茶紧压后的品质。

经过萎凋、干燥、拣剔等工艺制成的白茶经过蒸汽处理、压制，茶叶在受热、受力等因素作用下压制成茶饼。

鲜叶萎凋 → 干燥 → 蒸汽处理 → 烘干 → 压制 → 茶饼

白茶压成饼后，品质是提升了还是下降了？

白茶散茶在经过瞬间高温、高湿、高压的湿热处理压饼后，叶绿素在热的作用下，发生水解和脱镁反应，由绿变黄至红。茶多酚质量分数逐渐减少，非酯型儿茶素 C、EC、EGC 质量分数有所增加，内含物质增加，浸出率提高，香气中的甜香、果香、药香增加，变得馥郁；汤色由杏黄、浅黄向黄、深黄转变；滋味涩感降低，醇感上升。感官品质提升最为明显的就是原料较老的贡眉、寿眉茶。

张丹等的研究结果表明，白毫银针、白牡丹、贡眉、寿眉经过湿热压饼后，茶类中含有的高分子难溶物质发生降解，生成小分子物质，茶叶的浸出率提高，四种白茶茶汤的内含物质变得丰富。研究表明，含水率、水浸出物、茶多酚、可溶性蛋白质、黄酮类和没食子酸含量均呈上升趋势，而可溶性糖、茶多糖和游离氨基酸含量显著降低，四款白茶茶汤内含物质丰富且抗氧化能力均显著增强。尤其是贡眉和寿眉这类原料较老的茶，儿茶素含量及酯型儿茶素比例、汤色明亮度和滋味均有明显改善，品质得到明显提升。

林宏政等的研究表明，白牡丹散茶在经过湿热压饼后，叶绿素在光和热的作用下，发生水解和脱镁反应，干茶色泽由绿变黄变红。香气中的果香、甜香增强，滋味甜醇感上升。

## 白茶散茶与茶饼特性对比

| 品类 | 汤色 | 香气 | 滋味 | 叶底 |
|---|---|---|---|---|
| 白毫银针 | 浅杏黄<br>至杏黄 | 清纯<br>毫香显 | 鲜醇爽<br>毫味足 | 单芽<br>嫩匀明亮 |
| 紧压<br>白毫银针 | 杏黄 | 清纯<br>毫香显 | 浓醇<br>毫香显 | 单芽<br>嫩匀明亮 |
| 白牡丹 | 黄 | 浓醇较鲜<br>有毫香 | 醇爽<br>有毫味 | 一芽一、二叶<br>叶张嫩 |
| 紧压<br>白牡丹 | 橙黄 | 浓醇<br>有毫香 | 醇厚<br>有毫味 | 一芽一、二叶<br>软嫩 |
| 贡眉 | 橙黄<br>至深黄 | 浓醇<br>有嫩香 | 醇爽<br>清甜 | 较软嫩<br>带红张 |
| 紧压<br>贡眉 | 深黄 | 浓醇<br>甜香 | 浓醇<br>较厚 | 尚软嫩<br>带红张 |
| 寿眉 | 深黄 | 浓纯 | 浓厚 | 有嫩张<br>带泛红叶 |
| 紧压<br>寿眉 | 深黄泛红 | 浓<br>甜香显 | 醇厚 | 有嫩张<br>带泛红叶 |

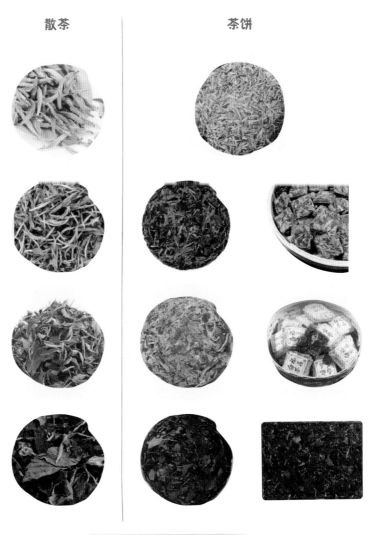

散茶          茶饼

**白茶散茶与茶饼图片对比**

**（3）紧压白茶品质要求。**

外形基本要求：饼形周正、匀称，无破损，色泽光亮无暗沉、无异常色（发黑或发黄）；松紧适度，条索清晰，无糊感；洁净，无杂质；不起层脱面，无明显翘片；饼面无较大突起，侧面紧实、无松散。

内质要求：白茶散茶不炒不揉的加工工艺，保留了白茶清香甘爽的品质特征，经过压制和长时间的存放，内含物质转变，相同年份的白茶散茶与茶饼的香气、滋味品质特征也不尽相同。概括来说，其内质主要的转化是由以鲜、香、甘、醇为主转化为以陈、香、醇、滑为主。

### 3. 紧压白茶加工技术

白茶压饼一般经过白茶散茶的拣剔、拼配匀堆、称重、蒸茶、压制、干燥等过程，才能形成一定规格的成品白茶饼茶。白毫银针、白牡丹、贡眉、寿眉及其他白茶的压饼基本上分为以下几个步骤，或在此基础上有所增减。

**（1）拣剔。**

拣剔即挑出不符合成品茶要求的茶梗、茶籽、朴、片以及其他非茶类的杂质，如石头、玻璃、草籽等。

拣剔有机器拣剔和人工拣剔两种。机器拣剔，拣剔设备为高精度筛选、风选、色选、X 光机等除杂设备单独或联合为一体的茶叶除杂机。风选是利用茶叶的重量、体积、外形和检风面大小的差别，在一定风力下分离茶叶与其他杂质，除去非茶类夹杂物。色选利用茶叶中茶梗、黄片等和正茶之间的颜色差异，使用光学传感器对需要去除的类型、标准进行确认，最终设计与其相对应的色选标准，提高剔除的效率。人工拣剔即通过人的双手拣剔杂质，可与机器拣剔搭配，剔除正茶口外的子口茶、次子口茶杂质。

**（2）拼配匀堆。**

通过拼配匀堆来完成品质调控，有效混合，便于加工制作，充分发挥原料的经济价值，保证整批次产品的质量在生产过程中趋于稳定。与此同时，使白茶在后期的储存以及香气、滋味的转换方面往有益方向变化。

因为茶叶品种、采摘时间、加工工艺、储存等因素不同，茶的外形、汤色、香气、滋味、叶底都会有差异，应先将各单号料逐一检查，观察其产品风格是否一致或相近，然后通过拼小样的方式，逐一审评，最终确定拼配比例。

匀堆有机器匀堆和人工匀堆两种方式，不论哪种方式，遵循的原则都是均匀、减少损耗和降本。

**（3）称重。**

称重的目的是使压制的成品饼茶符合《JJF1070—2005 定量包装商品净含量计量检验规则》和《定量包装商品计量监督管理办法  国家质量监督检验检疫总局令第 75 号（2005）》的标准，合理使用原料，保证整批次成品茶克重的一致性。

由于有些白茶散茶在干燥或储存过程中发生变化，水分和压饼后的目标水分未必一致，因此在压饼前需要进行水分测定，根据压饼后水分标准进行称重计算。

### （4）蒸茶。

蒸茶的目的在于使茶叶变软，便于压制，同时使茶叶受到湿热作用，便于转化。散茶称重以后，放入透气性好的蒸茶漏中，再放到蒸汽发生器上蒸，要求蒸匀、蒸透，避免外湿内干，蒸至茶坯变软不扎手、微黏富有弹性时，可进行压饼操作。

如果没有蒸透，不够湿、不够软，在后续的加压压饼过程中，叶片就很容易被压碎。叶片碎的太多，冲泡出的茶汤容易一泡、二泡浸出快，滋味苦涩，之后茶汤滋味淡薄，不耐泡。茶叶蒸的时间过长，不仅会造成茶叶太软、太湿，也会造成蛋白质等内含物质分解，内质香气、滋味散失，影响口感和香气，从而影响茶饼品质。

## 寿眉在不同蒸汽时间参数处理下的感官审评结果

| 蒸汽时间<br>（s） | 保压时间<br>（s） | 压力<br>（MPa） | 外形<br>评语 | 外形<br>得分<br>（权重25%） | 汤色<br>评语 | 汤色<br>得分<br>（权重10%） | 香气<br>评语 |
|---|---|---|---|---|---|---|---|
| 75 | 50 | 20 | 端正匀整<br>表面平整<br>色泽黑褐 | 83 | 深红<br>浓 | 82 | 浓，粗 |
| 70 | 50 | 20 | 端正匀整<br>表面平整<br>色泽深褐 | 84 | 深红<br>较浓 | 83 | 浓，较粗 |
| 65 | 50 | 20 | 端正匀整<br>表面平整<br>色泽褐 | 86 | 红<br>较浓 | 85 | 浓纯 |
| 60 | 50 | 20 | 端正匀整<br>表面平整<br>色泽灰褐稍深 | 88 | 橙红<br>较浓 | 86 | 浓纯 |
| 55 | 50 | 20 | 端正匀整<br>表面平整<br>色泽灰褐 | 89 | 深黄<br>或泛红 | 89 | 浓纯 |
| 50 | 50 | 20 | 端正匀整<br>表面平整<br>色泽浅灰褐 | 87 | 深黄 | 88 | 浓纯，稍粗 |
| 40 | 50 | 20 | 端正匀整<br>表面较平整<br>稍有翘起叶片<br>色泽浅灰褐 | 82 | 黄 | 84 | 浓纯，稍粗 |
| 35 | 50 | 20 | 端正匀整<br>表面较平整<br>有翘起叶片<br>色泽浅灰褐 | 81 | 深黄 | 86 | 粗 |

注：总分 = 外形 *25%+ 汤色 *10% + 香气 *25% + 滋味 *30% + 叶底 *10%。

| 香气得分 (权重25%) | 滋味评语 | 滋味得分 (权重30%) | 叶底评语 | 叶底得分 (权重10%) | 总分 | 排名 |
|---|---|---|---|---|---|---|
| 86 | 浓醇涩 | 83 | 柔软 黑褐 较完整 | 83 | 83.65 | 6 |
| 86 | 浓醇稍涩 | 85 | 柔软 黑褐 较完整 | 83 | 84.6 | 5 |
| 88 | 浓醇稍涩 | 05 | 柔软 褐 较完整 | 85 | 86 | 4 |
| 88 | 浓醇 | 88 | 柔软 褐 较完整 | 85 | 87.5 | 2 |
| 88 | 浓醇 | 88 | 柔软 红褐 较完整 | 87 | 88.25 | 1 |
| 85 | 浓醇稍粗 | 86 | 柔软 红褐 较完整 稍有破张 | 86 | 86.2 | 3 |
| 85 | 浓醇稍粗 | 83 | 红褐 有破张 | 82 | 83.25 | 7 |
| 83 | 浓醇涩 稍粗 | 81 | 红褐 破张多 稍碎 | 81 | 82 | 8 |

白毫银针、白牡丹、贡眉、寿眉老嫩度不同，在相同蒸汽温度和蒸汽压力条件下，蒸汽时间应逐渐加长。笔者分别以白毫银针茶、白牡丹茶、寿眉茶为原料，进行压饼测试及感官测评，得出在每 $1cm^2$ 为 6kg 的蒸汽压力和 120℃ 的热蒸汽下，每 5g 茶叶，白毫银针的蒸汽时间大约为 15～30s，白牡丹大约为 20～35s 时可进行压饼，寿眉的蒸汽时间大约为 50～60s 时，可达到压饼要求。茶叶蒸好后，应即刻放入压饼模具中，防止蒸汽散失。

**（5）压制。**

将蒸好的茶叶，放入做型模具或茶匣内，设置好压力和保压时间，方可压得满足厚薄、大小、松紧要求的茶饼。

压力对所压茶饼的松紧起关键作用，不可过大或过小。压力过大，茶饼压得过紧，容易压成"铁饼"，内含物质破坏，浸出多，容易形成"黑心"，茶饼叶底破碎，不利于后期转化。压力过小，茶饼疏松，不易成型，容易脱层，不利于茶饼存放。

保压时间的长短与茶饼定型呈正相关，保压时间长，饼形固定好；保压时间短，茶饼易松散。由于此时茶叶中含水量大，若保压时间过长，茶饼色泽变黑，容易产生"酵味"，亦不利于茶饼的品质。因此保压时间不可过长或过短，需根据所用茶叶情况进行设定。

笔者通过寿眉在不同保压时间和不同压力情况下的测试，认为寿眉茶叶通过压饼制作，其水浸出物、多酚和黄酮类含量增加，在保压时间为50s、压力为20MPa时，茶饼外形端正匀整，表面平整，条索清晰，色泽灰褐，茶汤浓度增加，茶汤滋味变得浓醇，总分得分最高，品质最佳。蒸汽时间过长或过短、保压时间过长或过短都对茶饼品质都有直接影响。

## 寿眉在不同压力、保压时间参数处理下的感官审评结果

| 蒸汽时间（s） | 保压时间（s） | 压力（MPa） | 外形评语 | 外形得分（权重25%） | 汤色评语 | 汤色得分（权重10%） | 香气评语 |
|---|---|---|---|---|---|---|---|
| 65 | 60 | 20 | 端正匀整 表面平整 色泽深褐 | 86 | 红较浓 | 85 | 浓 有酵味 |
| 60 | 50 | 20 | 端正匀整 表面平整 色泽灰褐稍深 | 88 | 橙红较浓 | 86 | 浓纯 |
| 55 | 50 | 20 | 端正匀整 表面平整 色泽灰褐 | 89 | 深黄或泛红 | 89 | 浓纯 |
| 50 | 40 | 20 | 饼型较疏松 饼较厚 | 79 | 黄 | 82 | 纯 |
| 60 | 60 | 25 | 端正匀整 表面平整 条索欠清晰 色泽褐 | 82 | 红较浓 | 85 | 浓纯 |
| 50 | 50 | 25 | 端正匀整 表面平整 条索较清晰 色泽浅灰褐 | 84 | 橙红较浓 | 86 | 浓 |

总的来说，蒸汽时间、保压时间和压力三者对茶饼品质产生的是动态影响，既不是绝对的正比关系，也不是简单的反比关系。不同的设备、不同的原料对三者的要求也不一样。

| 香气得分（权重 25%） | 滋味评语 | 滋味得分（权重 30%） | 叶底评语 | 叶底得分（权重 10%） | 总分 | 排名 |
|---|---|---|---|---|---|---|
| 82 | 浓醇有酵味 | 81 | 柔软深褐较完整 | 81 | 82.9 | 5 |
| 88 | 浓醇 | 88 | 柔软褐较完整 | 85 | 87.5 | 2 |
| 88 | 浓醇 | 88 | 柔软红褐较完整 | 87 | 88.25 | 1 |
| 83 | 较浓 | 82 | 尚软 | 79 | 81.2 | 6 |
| 88 | 浓醇稍涩 | 85 | 柔软褐较完整 | 85 | 85 | 3 |
| 84 | 浓醇涩 | 83 | 较柔软尚完整 | 80 | 83.5 | 4 |

一般来说，白毫银针、白牡丹茶叶原料较嫩，内含茶多糖、果胶物等物质多，在较小压力下即有流出，有利于饼形的黏附形成，形态稳定相对简单，因此所需压力和保压时间相对较短。贡眉、寿眉等较老原料，应根据原料情况，压力有所增大，保压时间有所加长。

## （6）干燥。

茶叶压制定型后，需放置在湿度 60% 以下的环境中让茶饼透气、去湿、去热气，让茶饼水分由内至外保持均衡。然后就是最后的烘干环节，为了防止茶饼在储存过程中霉变，使茶饼往有益方向转化，茶饼的含水量必须达到低于 8.5% 的要求。

烘干过程中应做到低温慢烘，不能操之过急，若是急于求成，大火烘干，则容易让饼茶内质受损，影响品质，得不偿失。

### 寿眉茶饼是否静置后干燥及在不同干燥温度下的感官评分结果

| 样品序号 | 蒸汽时间（s） | 保压时间（s） | 压力（MPa） | 是否在湿度 60% 以下的环境中静置 12 小时 | 干燥温度（℃） | 干燥时间（h） |
|---|---|---|---|---|---|---|
| T1 | 55 | 50 | 20 | 否 | 50 | 24 |
| T2 | 55 | 50 | 20 | 是 | 50 | 24 |
| T3 | 55 | 50 | 20 | 否 | 50 | 36 |
| T4 | 55 | 50 | 20 | 是 | 50 | 36 |
| T5 | 55 | 50 | 20 | 否 | 60 | 24 |
| T6 | 55 | 50 | 20 | 是 | 60 | 24 |
| T7 | 55 | 50 | 20 | 否 | 60 | 36 |
| T8 | 55 | 50 | 20 | 是 | 60 | 36 |

笔者在保持蒸汽时间为55s、保压时间为50s、压力为20MPa的条件下对紧压寿眉白茶5g茶饼做了两种方案的测试。方案一：同一批压制的寿眉茶饼在湿度60%以下的环境中静置12h后，在50℃和60℃下分别干燥24小时和36小时，对茶饼感官得分进行比较；方案二：同一批压制的寿眉茶饼不静置，直接在50℃和60℃下分别干燥24小时和36小时，对茶饼感官得分进行比较。

茶饼蒸压之后是否静置后干燥以及在不同干燥温度下的茶饼感官审评得分如下表所示。

| 外形得分（权重25%） | 汤色得分（权重10%） | 香气得分（权重25%） | 滋味得分（权重30%） | 叶底得分（权重10%） | 总分 | 排名 |
|---|---|---|---|---|---|---|
| 89 | 89 | 86 | 86 | 87 | 87.15 | 6 |
| 89 | 89 | 91 | 93 | 87 | 90.50 | 1 |
| 89 | 89 | 87 | 88 | 87 | 88 | 4 |
| 89 | 89 | 89 | 91 | 87 | 89.40 | 2 |
| 89 | 89 | 87 | 87 | 87 | 87.70 | 5 |
| 89 | 89 | 89 | 90 | 87 | 89.10 | 3 |
| 89 | 89 | 84 | 85 | 87 | 86.35 | 8 |
| 89 | 89 | 85 | 86 | 87 | 86.90 | 7 |

　　干燥过程和茶饼品质密切相关。在相同蒸压参数条件下，不同干燥温度、是否静置后干燥，T1-T8 茶饼外形得分一致，T1-T8 叶底得分也相同。因此茶饼的饼型和叶底主要是在蒸汽时间、保压时间、压力的作用下形成的，与干燥条件的关系不大；T1、T3、T5、T7 与 T2、T4、T6、T8 相比，分别是在不同干燥温度和干燥时间情况下，是否静置的感官对比。T2、T4、T6、T8 茶饼的香气、滋味得分均高于 T1、T3、T5、T7，因此在 60% 以环境中静置 12 小时有利于茶饼品质的提高；T1-T4 在干燥温度 50℃ 与 T5-T8 干燥温度 60℃ 下的比较，T1-T4 的总体感官得分高于 T5-T8，因此干燥温度不宜过高，干燥温度过高，不利于茶叶儿茶素总量、氨基酸、糖类的形成与保持，不利于茶饼品质的提升。T1、T2、T5、T6 的干燥时间为 24 小时，T3、T4、T7、T8 的干燥时间为 36 小时，对比来看，在相同静置处理、相同干燥温度的情况下，干燥 24 小时与 36 小时的感官得分无规律，因此茶饼品质的好坏与干燥时间关系不大。

综合而言，5g 寿眉茶饼在湿度 60% 以下的环境中静置 12 小时，干燥温度为 50 ℃、干燥时间为 24 小时时，更有利于压制白茶饼品质形成。

以上测试，可为压制白茶饼干燥加工工艺提供参考。实际生产中，静置时间以及干燥温度和时间与饼的大小、厚薄、重量、松紧等密切相关，应该灵活调节。

# 白茶的贮存密码

# 一、白茶贮存的现状

## 1. "一年茶、三年药、七年宝"的说法缺乏理论依据

目前，关于白茶的研究多集中在品种选育、加工工艺以及药理作用方面，在贮存方面的研究不多。在白茶销售市场上，有"一年茶、三年药、七年宝"的说法，但是缺乏理论依据，尤其是对白茶在贮存过程中内含物质的变化规律缺乏系统的研究。

在白茶的贮存过程中，由于受茶叶内含水量和周围环境因素影响，茶叶的品质会发生很大变化。贮存得当的话，不仅会提高品饮价值，还会提高健康价值。如果贮存不当，轻者，茶叶香味低闷而平淡，降低品饮价值；重者，茶叶发生品质劣变。

## 2. 白茶贮存研究主要围绕两大属性

白茶由于其自然的制作工艺，保留了丰富的活性酶和多酚类等物质，为白茶的后期转化提供了充足的物质基础。科学贮存白茶，主要围绕品饮属性和健康属性来研究，而这两个属性都离不开白茶的内含物质变化。白茶在贮存过程中，其主要生化成分茶多酚、氨基酸、可溶性糖、黄酮类等物质发生了变化，所以陈年白茶的属性与新白茶相比有很大的不同。

白茶贮存研究离不开 **2** 大属性

品饮属性

白茶贮存

健康属性

### 3. 白茶贮存三要素

研究白茶的贮存方式和方法，主要是围绕白茶含水率、贮存环境温度、贮存环境湿度这三个要素，来探索白茶内含物质在不同时间段的变化规律，以求获得最佳品饮价值和健康价值。

| 白茶含水率 | 贮存环境温度 | 贮存环境湿度 |

**白茶贮存三要素**

目前，白茶标准涉及贮存条件和要求的有四个，分别是2018年5月1日实施的国标《GB/T 22291—2017 白茶》，2016年2月1日实施的国标《GB/T 31751—2015 紧压白茶》，2020年6月30日实施的地方标准《DB35/T 1896—2020 白茶储存技术规范》，以及2021年5月12日实施的团体标准《T/CSTEA 00021—2021 老白茶》。

《GB/T 22291—2017 白茶》和《GB/T 31751—2015 紧压白茶》关于贮存的表述都是："应符合 GB/T 30375 的规定。产品可长期保存。"国标《GB/T 30375—2013 茶叶贮存》到底是怎样规定的呢？

## GB/T 30375-2013 茶叶贮存

5.3 温度和湿度

5.3.1 绿茶贮存宜控制温度 10℃以下、相对湿度 50% 以下

5.3.2 红茶贮存宜控制温度 25℃以下、相对湿度 50% 以下

5.3.3 乌龙茶贮存宜控制温度 25℃以下、相对湿度 50% 以下
对于文火烘干的乌龙茶贮存，宜控制温度 10℃以下

5.3.4 黄茶贮存宜控制温度 10℃以下、相对湿度 50% 以下

5.3.5 白茶贮存宜控制温度 25℃以下、相对湿度 50% 以下

5.3.6 花茶贮存宜控制温度 25℃以下、相对湿度 50% 以下

5.3.7 黑茶贮存宜控制温度 25℃以下、相对湿度 70% 以下

5.3.8 紧压茶贮存宜控制温度 25℃以下、相对湿度 70% 以下

国标《GB/T 22291—2017 白茶》中，对于白茶含水率的要求如下。

| 项目 | 指标 |
|---|---|
| 水分（质量分数）/（%） | ≤ 8.5 |
| 总灰分（质量分数）/（%） | ≤ 6.5 |
| 粉末（质量分数）/（%） | ≤ 1.0 |
| 水浸出物（质量分数）/（%） | ≥ 30 |

注：粉末含量为白牡丹、贡眉和寿眉的指标。

国标《GB/T 31751—2015 紧压白茶》中，对于白茶含水率的要求如下。

| 项目 | 紧压白毫银针 | 紧压白牡丹 | 紧压贡眉 | 紧压寿眉 |
|---|---|---|---|---|
| 水分（质量分数）/（%） | ≤ 8.5 | ≤ 8.5 | ≤ 8.5 | ≤ 8.5 |
| 总灰分（质量分数）/（%） | ≤ 6.5 | ≤ 6.5 | ≤ 6.5 | ≤ 7.0 |
| 茶梗（质量分数）/（%） | 不得检出 | 不得检出 | ≤ 2.0 | ≤ 4.0 |
| 水浸出物（质量分数）/（%） | ≥ 36.0 | ≥ 34.0 | ≥ 34.0 | ≥ 32.0 |

注：茶梗指木质化的茶树麻梗、红梗、白梗，不包括节间嫩茎。

《GB/T 22291—2017 白 茶》 和《GB/T 31751—2015 紧压白茶》中，对于三要素的要求都是一样的：茶叶含水率≤8.5%，贮存的环境温度≤25℃，相对湿度≤50%。

地方标准《DB35/T 1896—2020 白茶储存技术规范》以及团体标准《T/CSTEA 00021—2021 老白茶》中，对于白茶的含水率要求为不高于 8.5%，而对于贮存环境的温湿度要求是：温度≤35℃，湿度≤50%。显然在贮存温度上，相比《GB/T 22291—2017 白 茶》 和《GB/T 31751—2015 紧压白茶》要求的不高于 25℃，要宽泛一些。

| 三要素 | 《GB/T 22291—2017 白茶》《GB/T 31751—2015 紧压白茶》 | 《DB35/T 1896—2020 白茶储存技术规范》《T/CSTEA 00021—2021 老白茶》 |
|---|---|---|
|  白茶含水率 | ≤ 8.5% | ≤ 8.5% |
|  贮存环境温度 | ≤ 25℃ | ≤ 35℃ |
|  贮存环境湿度 | ≤ 50% | ≤ 50% |

## 地方标准《DB35/T 1896—2020 白茶储存技术规范》

### 3.1.4　库房环境控制

#### 3.1.4.1　温度

库房内宜有通风散热措施，仓储时温度宜≤35℃。

#### 3.1.4.2　湿度

库房内应有除湿措施，相对湿度宜≤50%。

## 4.白茶贮存专业标准

| 标准代号 | 标准名称 | 发布日期 |
| --- | --- | --- |
| T/ELCY 001—2017 | 白茶仓储规范标准 | 2016-01-01 |
| T/CTSS 1—2018 | 白茶仓储规范 | 2018-08-13 |
| T/QDLSTI 001—2021 | 崂山白茶仓储规范 | 2021-10-08 |

## 二、年份白茶内含物质的变化规律

随着贮存时间的增加，年份白茶的主要内含物质会发生变化，并呈现一定的规律性。影响白茶品质的主要有六大类物质，这六大类物质随着时间的增加都表现出一些规律性的变化：水浸出物含量整体呈降低趋势；茶多酚含量整体呈降低趋势；生物碱含量阶段性升高；氨基酸含量整体呈降低趋势，但部分氨基酸含量在短期贮存过程中有所增加，尤其是蛋氨酸含量；芳香物质种类会减少；可溶性糖的变化不大，含量相对稳定，但贮存时间较久远时，呈下降趋势。

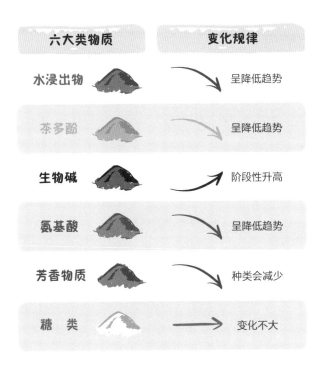

## 1. 水浸出物的变化

国标《GB/T 22291—2017 白茶》中，明确要求白茶的水浸出物不能小于干物质的 30%，否则就不能称之为白茶了。其实每种茶在标准中都会有要求，比如普洱茶的水浸出物不能小于干物质的 35%，肉桂茶的水浸出物不能小于干物质的 32%。水浸出物能直接反映茶叶品质的高低，那么，什么是茶叶的水浸出物呢？

### 何为水浸出物？

水浸出物是茶叶中能溶于水的一类物质的总称，包括多酚类、氨基酸、生物碱以及可溶性果胶等物质。水浸出物的多少影响着茶汤的厚薄度、滋味的浓强度。

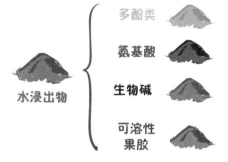

### 水浸出物是增加了还是减少了?

水浸出物的含量是随时间的增加而减少的。白毫银针、白牡丹、贡眉和寿眉,不论哪一个等级,随着贮存时间的增加,水浸出物含量均有所减少。

张建勇等的研究发现,2006年的白牡丹水浸出物总量低于2008年的白牡丹,这可能与贮存过程中多酚类、蛋白质、芳香物质和酶类等发生理化反应产生不溶物有关。

丁玎等对同一等级、不同贮存时间的白毫银针、白牡丹和寿眉的水浸出物含量进行了分析,发现贮存6年的白毫银针、贮存7年的政和寿眉和贮存20年的福鼎寿眉的水浸出物含量与当年白茶相比,均出现显著性降低;不同贮存时间的白牡丹水浸出物含量未出现明显规律,但贮存6年的白牡丹中的水浸出物含量仍显著低于贮存2年的白牡丹。因此得出结论,在贮存过程中水浸出物含量整体呈下降趋势,同时,相关水浸出物含量的报道不一,水浸出物含量变化与茶类、原料和贮存条件等均具有相关性,需要做进一步的探究。不同贮存时间白茶水浸出物含量如下图所示。

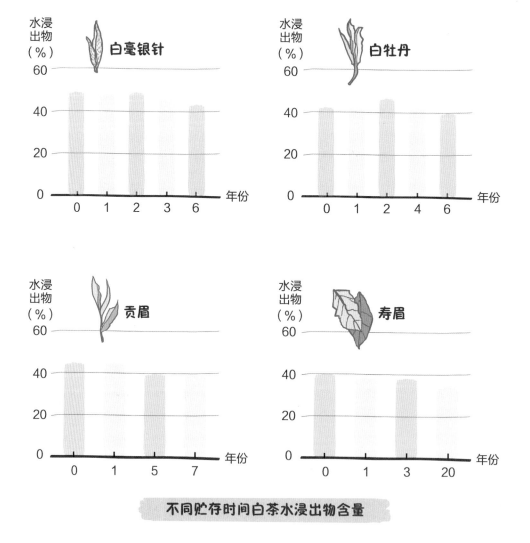

不同贮存时间白茶水浸出物含量

## 2. 茶多酚的变化

### 茶多酚的种类

茶多酚是茶叶中发现的主要化合物，是多酚类化合物的总称，也叫茶鞣质、茶单宁。茶多酚占茶叶干物质总量的 18% ~ 36%，是茶叶可溶性物质中最多的一种。到目前为止，还没有发现世界上哪一种植物的茶多酚含量有茶叶这么高。可以说，茶叶里的茶多酚含量是最高的。它对茶叶色、香、味的形成影响很大，对人体生理也有重要的保健意义。茶多酚按照化学结构大致可分为四大类，分别是儿茶素类（黄烷醇）、黄酮类（花黄素类）、酚酸和缩酚酸类、花青素类。

儿茶素类是茶多酚的第一大类物质，占茶多酚总量的 75%。

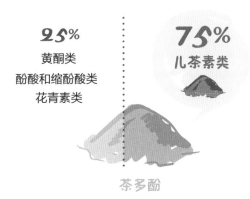

25%
黄酮类
酚酸和缩酚酸类
花青素类

75%
儿茶素类

茶多酚

儿茶素类：也叫黄烷醇，是形成不同茶类的物质基础，茶叶的色、香、味都与儿茶素含量的多少有关系。儿茶素类占茶多酚总量的 75%，分为游离型、酯型。复杂的酯型儿茶素具有强烈收敛性，苦涩味较重；而简单的游离型儿茶素收敛性较弱，味醇或不苦涩。

就儿茶素浓强度而言，白毫银针＞白牡丹＞寿眉。

白毫银针 ＞ 白牡丹 ＞ 寿眉

就儿茶素浓强度而言，白毫银针高于白牡丹，白牡丹高于寿眉，这是为什么呢？主要原因是随着茶叶嫩度的降低，儿茶素总量逐渐降低。虽然总量降低，但是儿茶素内部成分的含量比例却有不同的变化。

酯型儿茶素含量与鲜叶嫩度呈正相关，游离型儿茶素含量则在一定嫩度范围内逐渐升高，一般在第四叶达到峰值。这也是等级越高的茶收敛性越强的原因。

## 茶多酚是增加了还是减少了？

在白茶贮存过程中，茶多酚的总量呈下降趋势，儿茶素类的含量也呈下降趋势，但也有一部分儿茶素会增多。

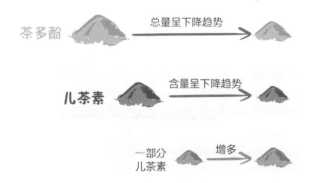

在白茶贮存过程中，儿茶素类的总量呈下降趋势，但也有一部分儿茶素类含量会上升。Mendel Friedman 等对 8 个茶样均分别存放 0 ～ 6 个月，发现在贮存较长时间之后，部分儿茶素和儿茶素总量有所升高。黄赟等的研究结果也显示，随着贮存年份的增加，白茶茶多酚含量先升高后降低。

丁玎等的研究发现，随着贮存时间的延长，白毫银针中儿茶素含量整体呈下降趋势，贮存 6 年的白毫银针和当年生产的白毫银针相比，儿茶素总量显著下降，下降了 35.24%；白牡丹也出现类似规律，贮存 6 年的白牡丹与当年生产的白牡丹相比，儿茶素总量下降了 50.02%；贮存 7 年的政和寿眉与当年生产的政和寿眉相比，儿茶素总量下降了 40.81%；贮存 20 年的福鼎寿眉与当年生产的福鼎寿眉相比，儿茶素总量下降了 57.14%。

### 3. 生物碱的变化

茶叶中的生物碱主要有咖啡碱、可可碱和茶叶碱。其中咖啡碱含量最高，其他两种含量很低。这三种生物碱在茶树中的含量均与新梢嫩度呈高度正相关，主要在代谢旺盛的新梢部位合成和积累。

在鲜叶中，咖啡碱的含量一般为2%～4%。茶叶生物碱的测定常以咖啡碱为代表，因为一般植物中的咖啡碱含量不多，所以咖啡碱是茶叶的特征性物质。

### 咖啡碱是增加了还是减少了？

在白茶贮存过程中，生物碱是相对稳定的化合物。随着贮存时间的增加，生物碱含量开始缓慢增加，达到一定峰值后，又会随着时间的推移而减少，按照时间轴，呈波浪形变化。值得注意的是，生物碱含量的高低与茶树品种、原料自身条件以及贮存环境等因素有关。

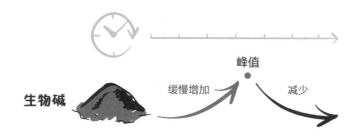

丁玎等的研究发现，随着贮存时间的增加，白毫银针、白牡丹、寿眉中的生物碱含量并非逐渐减少，反而出现增加现象。白毫银针中的咖啡碱含量在贮存 2 年后出现峰值，可可碱在贮存 6 年的样品中含量最高；在年份白牡丹中，咖啡碱和茶叶碱含量无显著性差异，而可可碱含量在贮存 4 年后达到最高。

黄赟则认为随着贮存时间的增加，白茶咖啡碱含量先升高后降低。造成这样的实验结果的原因一方面是生物碱类在贮存过程中发生理化反应而逐渐减少。另一方面生物碱类含量升高与茶黄素类复合物有关，在贮存期间，嘌呤碱与茶黄素复合物由于茶黄素的降解而分解，嘌呤碱游离出来造成生物碱类含量升高。周树红等的研究结果表明，咖啡碱含量在常温贮存过程中缓慢下降，可能是甲基转移的结果，但由于嘌呤碱环状结构较稳定，导致其含量下降缓慢。

## 为什么有的年份白茶有可可粉的味道？

在贮存 4～7 年的白茶中，会经常闻到可可粉的味道。主要原因是年份白茶中茶叶碱和咖啡碱的含量变化不大，但可可碱的含量有较大提高。

### 4. 氨基酸的变化

茶叶鲜叶中已发现的氨基酸有 26 种，包括 20 种蛋白质氨基酸和 6 种非蛋白质氨基酸。其中，最主要的氨基酸有茶氨酸、谷氨酸、天门冬氨酸和精氨酸。尤其是茶氨酸，是茶叶区别于其他植物的辨识性物质，可以说，是茶叶所特有的物质。

茶叶中氨基酸的含量与老嫩度呈正相关。就氨基酸的含量而言，白毫银针 > 白牡丹 > 寿眉。

氨基酸含量　　白毫银针　>　白牡丹　>　寿眉

氨基酸大多都具有鲜爽的特点，是构成白茶鲜爽味和香气的重要成分，例如茶氨酸具有甜鲜滋味和焦糖香，苯丙氨酸具有玫瑰香味，丙氨酸具有花香味，谷氨酸具有鲜爽味。茶叶鲜叶中含有 1% ～ 5% 的氨基酸，其中茶氨酸的含量占茶叶干物质的 1% ～ 2%，某些名优茶茶氨酸的含量可超过 2%。

## 氨基酸是增加了还是减少了？

在白茶贮存过程中，氨基酸变化很复杂，既有氧化、降解等反应使氨基酸减少，同时还有水溶性蛋白的水解使部分氨基酸含量出现回升现象，甚至在短期贮存过程中回升的含量超过其减少的含量。因此，氨基酸含量在贮存过程中会出现升高与降低的波动性变化，当年份较久远时，水溶性蛋白水解作用减弱，氨基酸含量最终趋于减少。

丁玎等研究发现，各等级白茶在贮存过程中，除茶氨酸外，其他氨基酸含量主要呈下降趋势，但部分氨基酸在短期贮存中有所增加，如蛋氨酸和谷氨酸，在贮存过程中含量均有所升高，部分阶段甚至出现大幅度升高。

周琼琼、孙威江等的研究结果表明，贮存年份较短时，白茶中氨基酸含量差异不显著，年份较久远时，氨基酸含量极显著下降，新高级白牡丹中的氨基酸含量是陈 20 年白茶中氨基酸含量的 12 倍。

## 老白茶的汤色比新白茶的汤色深，是什么原因？

除了多酚类氧化形成部分多酚类氧化物等色素之外，氨基酸在茶叶存放过程中会发生转化、聚合或降解，与多酚类的自动氧化产物醌类物质结合形成暗色聚合物，生成色素类物质，造成氨基酸含量下降，因此，陈年白茶茶汤颜色呈橙红色，而新白茶茶汤颜色较浅，呈黄白色。

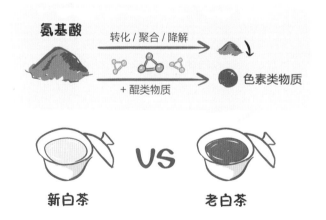

## 5. 芳香族物质的变化

茶叶的芳香族物质是决定茶叶品质的重要因素之一。所谓不同的茶香，实际上是不同芳香物质以不同浓度的组合表现出的各种香气风味。即便同一种芳香物质，不同的浓度，表现出来的香型都不一样。

这些芳香物质中含有羟基（-OH)、酮基（-CO）、醛基（-COH）、酯基（-COOC）等芳香基团。每一基团对化合物的香气有一定影响，如大多数醇类具有花香或果香，大多数酯类具有熟果香，含量虽然少，但对茶叶的香气都起着重要作用。

茶叶芳香物质在茶叶中的含量很少，一般占干物质的0.02%。虽然含量很少，却是决定茶叶品质的重要因素之一。

茶叶中的芳香物质尽管含量少，但种类多。到目前为止，已分离鉴定的茶叶芳香物质约有700种。其中，表现突出的成分并不多，只有几十种。

一般而言，茶鲜叶中含有的香气物质种类较少，有 80 余种；绿茶中有 260 余种；红茶则有 400 余种；乌龙茶最高，达到 500 余种；白茶中的香气物质最少，不足 100 种。

**茶叶含有的香气物质种类比较**

晏祥文、钟一平等对我国两种白茶（云南月光白茶和福建白毫银针白茶）的香气成分进行了研究，并比较了它们在化学成分及含量上的差异。结果在两种白茶中共鉴定出香气成分 92 种，共有香气成分 56 种；两种白茶香气成分均以碳氢化合物和醇类化合物为主，其余化合物含量均较低；月光白茶的香气成分主要是芳樟醇、十三烷、咖啡因、二氢猕猴桃内酯、芳樟醇氧化物、D- 柠檬烯、β- 蒎烯、2，6，10，14- 四甲基十五烷等；而白毫银针白茶的香气成分主要是香叶醇、芳樟醇、芳樟醇氧化物、β- 蒎烯、十二烷、雪松醇、苯乙醇、（Z）-3，7- 二甲基 -1，3，6- 辛三烯、水杨酸甲酯等。

白毫银针的芳香族物质主要是醇类、醛类和酸类；白牡丹的芳香族物质主要是醛类、醇类、酸类、酯类、酮类、碳氢化合物和其他类型化合物；寿眉的芳香族物质主要是醇类、醛类、碳氢化合物、酸类、酯类和其他类型化合物。

白茶中的芳香族物质一部分是鲜叶本身具有的，一部分是在茶叶加工过程中形成的，还有一部分是在贮存过程中形成的。比如三十四烷、棕榈酸等在新白茶中很难检测到，而在陈放较久的茶叶中含量较高。

## 芳香族物质是增加了还是减少了？

在白茶贮存过程中，芳香族物质变化非常复杂，既有新物质的产生、增加，又有原物质的消失、减少，还有一些物质随着时间的推移，若隐若现。

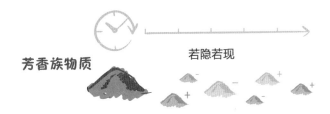

芳香族物质　　　　　　若隐若现

## 6. 可溶性糖的变化

茶叶中的可溶性糖主要是单糖和双糖，都具有甜味，是构成茶汤浓度和甘甜滋味的重要物质。

### 可溶性糖是增加了还是减少了？

不同年份的各等级白茶中，可溶性糖的变化不大，可溶性糖的含量相对稳定。但贮存时间较久远时，可溶性糖含量呈下降趋势。

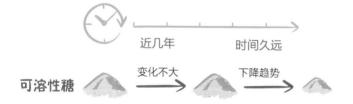

周琼琼、孙威江等对不同年份白茶中的可溶性糖含量进行了测定，发现不同年份白茶中可溶性糖的含量在1.96%～2.76%之间。其中，陈20年老白茶的可溶性糖含量最低；当年白茶与陈1年白茶可溶性糖含量差异不显著，与陈2年、陈20年白茶相比差异较大；陈2年白茶可溶性糖含量与陈3年、陈4年白茶的差异不显著。

# 三、白茶的贮存条件

## 1. 含水量对白茶品质的影响

在南方气候条件下，白茶含水量对品质影响很大，含水量低于 5% 的白茶，有效成分损失较小；含水量超过 6% 的白茶，贮存一段时间后就会产生陈气，汤色加深，失去鲜爽的口感，而且茶多酚也会减少，形成"水味"。

康孟利、王高明等的研究表明，随着白茶含水量的增加，茶多酚减少加快，原因可能是贮存过程中多酚类物质的非酶性氧化聚合形成褐色物质，使茶汤色泽加深，滋味变淡。同时发现，白茶含水量越高，氨基酸含量下降越快，但下降不显著，在贮存 6 个月时，白茶的氨基酸含量极显著下降。当白茶含水量小于 6% 时，对保持氨基酸及茶多酚成分效果明显。

## 2. 温度对白茶品质的影响

在高温下，白茶会加快氧化，会影响白茶的质量；温度太低，白茶的活性酶会降低活性，不能促进白茶内部物质的生化反应，"老白茶酮"（EPSF）难以产生。

### 3. 湿度对白茶品质的影响

在湿度达标的场所，白茶才可以长时间保存，白茶在相对湿度小于50%的环境中，才有利于品质的转化。湿度过高，会出现叶色泽枯暗、汤色泛红、香味低闷而平淡，降低品质。当环境湿度超过75%时，会加速白茶的"老化"，容易出现"湿仓味"。

# 四、白茶的贮存方法

贮存白茶时，茶叶的含水率是首先要考虑的问题。白茶水分含量的国标要求为不能超过8.5%，但是福鼎茶企的经验是，含水率最好不要超过6%。否则，很容易失风，甚至变质。

通常，PE锡纸用于茶包装，能使茶叶保持密闭状态，大包装茶叶比小包装茶叶质量更好。白茶的密封，是用铝箔袋和塑料袋将茶叶包裹两层，然后放入陶瓷罐中。

白茶的长期贮存，要满足三个条件：茶叶水分含量 ≤ 6%，环境温度 ≤ 35℃，湿度 ≤ 50%。贮存白茶需要运用科学合理的方法。

## 长期贮存白茶还有以下注意事项

① 密闭贮存。不论是放在锡纸袋还是各种材质的容器里，都要注意密闭性，最好是两层防护，并置于阴凉、通风且无异味的地方。

② 避光贮存。避免太阳光直射，最好不要用玻璃容器保存。当阳光直射时，茶中的叶绿素等会出现化学反应，茶叶会出现颜色改变，还会产生"太阳味"，品质直线下降。

③ 避免靠近暖气。白茶贮存的温度不能太高，温度太高，容易出现"燥味"，会影响白茶的质量。

④ 避免放进冰箱或者冷库。温度太低，白茶容易出现"水味"。白茶的活性酶会降低活性，不能促进白茶内部物质的生化反应，不利于白茶的转化，"老白茶酮"难以产生。

⑤ 避免异味。年份白茶中含量较高的棕榈酸和萜烯具有高孔隙率的疏松结构，吸收气味的能力极强，因此要避免白茶与不同的气味接触。

# 7

## 白茶的健康密码

# 一、古人对白茶的认识

## 1. 古籍中关于白茶及其功效的记载

因现代白茶成形比较晚，古籍中有关白茶功效的记载不多。清周亮工《闽小记》载"太姥山古有绿雪芽茶"，民国卓剑舟先生在《太姥山全志·方物》中引用了周亮工的这句话，并对"绿雪芽茶"做了进一步阐释："绿雪芽，今呼为白毫，香色俱绝，而尤以鸿雪洞产者为最，产者性寒凉，功同犀角，为麻疹圣药。运售外国，价同金埒。"

福鼎当地流传着一个传说：尧帝时期，太姥山周围的村落麻疹病盛行，山中有位叫蓝姑的女子为了救治百姓，寻来鸿雪洞旁的一株绿雪芽煮水为药，帮助当地人战胜了麻疹病。绿雪芽"为麻疹圣药"的说法，大概跟这个传说有很大关联，绿雪芽也因此成了白茶的"始祖"，得以延续和发展。

绿雪芽是否为"麻疹圣药"我们暂且不论，"性寒凉，功同犀角"的说法，却与实际相符，并且在大量研究中得以印证。根据《全国中草药汇编》所载，犀角味苦、酸、咸，性寒，入心、肝、胃经，具有清热定惊、凉血解毒的功能，这间接表明了白茶具有清热凉血、泻火解毒、安神定惊的作用。

## 不同茶类属性及适宜人群

| 茶类 | | 属性 | 适宜人群 |
|---|---|---|---|
| 绿茶 | | 凉性 | 三高人群，饮食过腻者、过食者、脑力劳动者和从事有辐射工作的人群 |
| 白茶 | | 凉性 | 高温工作者、体胖者、胃热者 |
| 黄茶 | | 凉性 | 减肥人士，高血压、高血脂患者 |
| 乌龙茶 | | 中性 | 胃寒、胃胀、失眠者，高血压、高血脂患者 |
| 红茶 | | 温性 | 一般人均可，尤其适合肠胃寒凉者 |
| 黑茶 | | 温性 | 肥胖，高血脂、高血压、高血糖、高胆固醇患者，脾胃虚寒者 |

## 2. 不同体质如何饮用白茶

体质是个体在生长过程中，通过先天遗传和后天获得的共同作用，形成的在形态结构、生理机能和心理状态等方面存在个体差异且相对稳定的特质。不同体质会有不同的生理特性表现，通常情况下，多数人表现出来的是兼杂体质而非单一体质。

中医学里关于体质的分类方法有多种，20 世纪 90 年代，北京中医药大学的王琦教授提出的九种中医体质分类法，获得了学术界的广泛认可。王教授将中医体质分为九种基本类型：平和体质、气虚体质、阳虚体质、阴虚体质、痰湿体质、湿热体质、血瘀体质、气郁体质、特禀体质。

### 平和体质

平和体质表现为性格随和、心态平和,体态适中、匀称健壮,面唇红润、舌色淡红、目光有神，精力充沛、耐受寒热、睡眠状态良好等特点。此种体质人群宜适量饮用白茶，但应避免过量饮用而破坏身体原本的平衡状态。

## 气虚体质

气虚体质表现为性格内向、情绪不稳，肌肉松软、虚乏易喘、气短、易出汗，面唇少华、目光少神、发色不泽，寒暑风均不耐受等特点。因白茶性凉，此种体质人群建议少饮或不饮白茶。

## 阳虚体质

阳虚体质表现为性格沉静、内向，肌肉松软不实、手足不温、畏寒怕冷，精神不振、易感风寒等特点。此类人群食寒凉之物会感到不适，因此建议少饮或不饮白茶。

### 阴虚体质

阴虚体质表现为性情急躁、外向好动，形体偏瘦，手足心热、口燥咽干、舌红少津、眼睛干涩、皮肤干燥，喜冷饮、怕热等特点。此类人群应少食温燥、辛辣的食物，宜选甘凉滋润的食物，故适宜饮用白茶。

### 痰湿体质

痰湿体质表现为性格偏温和、稳重，体型肥胖或腹部肥软，面部皮肤油腻、口黏苔腻、胸闷痰多，对湿重环境适应能力差等特点。此类人群中体型偏胖者特别适宜饮用白茶，其他体型人群也建议日常适量饮用白茶，只是需要注意尽量避免饮用放凉的茶，因为放凉的茶可能会加重痰湿停滞的情况。

**湿热体质**

湿热体质表现为易心烦气燥，形体中等或偏瘦，面垢油光、易生痤疮，舌偏红、苔黄腻，常感口苦口干、身重困倦，对湿热气候难以适应等特点。此种体质人群适宜选用甘寒或苦寒的清利化湿食物，白茶是此类人群的优质选择。

**血瘀体质**

血瘀体质表现为易烦健忘，肤色晦暗、易出瘀斑（皮肤常在不知不觉中出现乌青或青紫瘀斑）、唇色偏暗、舌黯或有瘀点，不耐寒等特点。此种体质人群宜选用具有调畅气血作用的食物，建议少量饮用白茶。

### ● 气郁体质

气郁体质表现为性格内向不稳定、忧郁脆弱、敏感多虑，形体多偏瘦，舌淡红、苔薄白，对精神刺激适应能力较差，也不适应阴雨天气。此类体质人群宜选用具有理气解郁作用的食物，可少量饮用白茶。

### ● 特禀体质

特禀体质分为过敏体质和先天禀赋异常体质，后者在形体上或有畸形，或有生理缺陷。过敏体质人群在饮食上宜注重均衡，荤素搭配要合理，在没有过敏源的情况下可适量饮用白茶，以调节免疫力。

下表为九种体质的特征及白茶适饮性说明。

## 九种体质的特征及白茶适饮性说明

| 体质类型 | | 特征表现 | 白茶适饮性说明 |
|---|---|---|---|
| 平和体质 |  | 性格随和，体态适中、匀称健壮，面唇红润、目光有神，精力充沛、耐受寒热 | 适量饮用白茶 |
| 气虚体质 |  | 性格内向、情绪不稳，以虚软、虚乏、虚喘、虚汗、虚肿为特征，目光少神、发色不泽，寒暑风不耐受 | 少饮或不饮白茶 |
| 阳虚体质 |  | 性格沉静、内向，肌肉松软不实、手足不温、畏寒怕冷，精神不振、易感风寒 | 少饮或不饮白茶 |
| 阴虚体质 |  | 性情急躁、外向好动，"干瘦热红"，喜冷饮、怕热 | 适宜饮用白茶 |
| 痰湿体质 |  | 性格偏温和，"体胖腰圆""油黏腻滑"，对湿重环境适应能力差 | 适量饮用白茶 避免饮用放凉的茶 |
| 湿热体质 |  | 易心烦气躁，形体中等或偏瘦，面垢油光、易生痤疮，舌偏红、苔黄腻，常感口苦或嘴里有异味，对湿热气候难以适应 | 宜饮用白茶 |
| 血瘀体质 |  | 易烦健忘，"黯斑瘀紫"，不耐寒 | 少量饮用白茶 |
| 气郁体质 |  | 性格内向不稳定、忧郁脆弱、敏感多虑，形体多偏瘦，舌淡红、苔薄白，不适应阴雨天气 | 少量饮用白茶 |
| 特禀体质 |  | 过敏体质：对过敏原敏感，易产生过敏反应，出现紧张、焦虑等情绪；先天禀赋异常体质：形体上或有畸形，或有生理缺陷 | 在没有过敏原的情况下可适量饮用白茶 |

## 3. 功能性白茶饮·小·茶方

针对白茶具有清热凉血、清肺润燥、美颜养容的功效，结合中医学的九种体质理论，笔者邀请全国名中医配出 3 款功能小茶方，以期更好地发挥白茶养生保健的效果。3 款配方均以白茶为主，结合其他药食同源类植物，综合考虑了配料的功效和性味，适用于各类体质人群，饮用时参照白茶的冲泡方法即可。这些茶饮具有原料易获取、成本低、口味独特、服用安全、饮用方便的优点。配方见下表。

### 清热解毒茶饮配方

| 配料 | 配量 | 性味 | 功效 |
| --- | --- | --- | --- |
| 寿眉 | 8g | — | — |
| 白菊花 | 0.5g | 甘、苦，微寒 | 散风清热，平肝明目，清热解毒。用于风热感冒、头痛眩晕、目赤肿痛、眼目昏花、疮痈肿毒 |
| 淡竹叶 | 0.5g | 甘、淡，寒 | 清热泻火，除烦止渴，利尿通淋。用于热病烦渴、小便短赤涩痛、口舌生疮 |
| 金银花 | 0.5g | 甘，寒 | 清热解毒，疏散风热。用于痈肿疔疮、喉痹、丹毒、热毒血痢、风热感冒、温病发热 |
| 甘草 | 0.5g | 甘，平 | 补脾益气、清热解毒、祛痰止咳、缓急止痛、调和诸药 |

## 清肺润燥茶饮配方

| 配料 | 配量 | 性味 | 功效 |
|---|---|---|---|
| 白牡丹 | 8g | — | — |
| 枇杷叶 | 1g | 苦, 微寒 | 清肺止咳, 降逆止呕。用于肺热咳嗽、气逆喘急、胃热呕逆、烦热口渴 |
| 百合 | 1g | 甘, 寒 | 养阴润肺, 清心安神。用于阴虚燥咳、劳嗽咯血、虚烦惊悸、失眠多梦、精神恍惚 |
| 罗汉果 | 1g | 甘, 凉 | 清热润肺, 利咽开音, 滑肠通便。用于肺热燥咳、咽痛失音、肠燥便秘 |

## 美容养颜茶饮配方

| 配料 | 配量 | 性味 | 功效 |
|---|---|---|---|
| 白毫银针 | 7g | — | — |
| 玫瑰花 | 1g | 甘、微苦, 温 | 理气解郁, 和血, 止痛。用于肝胃气痛、新久风痹、吐血咯血、月经不调、赤白带下、痢疾、乳痈、肿毒 |
| 桑葚 | 1g | 甘、酸, 寒 | 滋阴补血, 生津润燥。用于肝肾阴虚、眩晕耳鸣、心悸失眠、须发早白、津伤口渴、内热消渴、肠燥便秘 |
| 代代花 | 1g | 甘、微苦, 平 | 理气宽中, 开胃止呕。主要用于治疗胸腹满闷胀痛、恶心呕吐、食积不化等 |

# 二、白茶的主要保健作用

白茶性寒，常被用作清热祛火的良方，不论是对于感冒、嗓子痛，还是上火，都有良好的功效。在福建地区更有"一年茶、三年药、七年宝"的说法，人们普遍认为贮存一定年份的老白茶具有更好的保健功效。随着研究的不断深入，大量的实验证实白茶在抗氧化及延缓衰老、抗炎抑菌、抗细胞突变及抗癌、降血糖、降血压、降血脂、抗紫外线辐射等方面具有良好的效果。

白茶能够发挥诸多保健功效，与其含有诸多功能性物质，如茶多酚、氨基酸、咖啡碱、可溶性糖、黄酮等息息相关。尤其是氨基酸、黄酮含量较其他茶类高，这也是白茶在保健功能上独具特色的原因之一。

有，白茶氨基酸、黄酮含量最高！

氨基酸

黄酮

白茶

**白茶有什么特殊的物质吗？**

杨伟丽等通过研究发现，相同鲜叶原料制成的六大茶类中，氨基酸、可溶性糖和黄酮含量均以白茶为最高。胡金祥测定了 20 种白茶中主要物质的含量，结果表明，随着白茶等级的降低，水浸出物、茶多酚、氨基酸、咖啡碱的含量总体均呈下降趋势，黄酮和可溶性糖的含量呈上升趋势。

另外，白茶经较长时间的自然储藏后，茶多酚、咖啡碱、氨基酸、可溶性糖含量均呈下降趋势，茶叶陈放 2 年后，儿茶素总量下降的速度显著，黄酮含量则呈上升趋势。

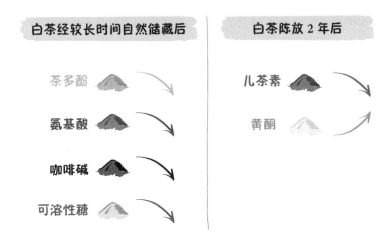

白茶经较长时间自然储藏后

茶多酚
氨基酸
咖啡碱
可溶性糖

白茶陈放 2 年后

儿茶素
黄酮

# 1. 白茶的抗氧化及延缓衰老作用

## 自由基是什么？

自由基是具有未成对电子的原子或基团，人体在正常代谢的过程中，或受到外界条件刺激的情况下都会产生。正常情况下，体内自由基一直处于动态平衡的状态，机体会主动清除多余的自由基，防止其对体内的细胞和生物大分子等造成损伤，导致疾病的发生。但是当人体处于亚健康或疾病状态时，这种动态平衡就会被打破，机体无法及时清除过多的自由基，从而引发多种疾病，如机体衰老、心血管疾病、癌症、白内障等。因此，清除体内多余的自由基对人体健康至关重要。抗氧化剂是指能够清除氧自由基，从而抑制或减缓氧化反应的一类物质，具有延缓衰老，预防多种疾病的功效。

白茶具有很强的抗氧化能力，尤其是白茶的冷泡茶，其抗氧化能力更强。很多学者对白茶的抗氧化功能，主要包括直接清除活性氧自由基与增强机体抗氧化酶防御系统两方面，做了大量研究，都证实了这一点。

　　Thring T S 等通过 ABTS 自由基清除和四唑硝基蓝抑制实验对比研究了 21 种植物的抗氧化能力，发现 1 μg 的白茶就相当于 10.6 μM Trolox 的自由基清除能力，对四唑硝基蓝的抑制率达到 88%，甚至略高于超氧化物歧化酶 (SOD) 的效果，在 21 种植物中均表现出最强的抗氧化活性。这与 Damiani E 等的研究结果类似，同时他们还发现白茶冷水（室温）冲泡的茶汤比热水冲泡的茶汤具有更强的抗氧化能力，原因是冷泡茶汤的儿茶素类与黄酮类含量更高。

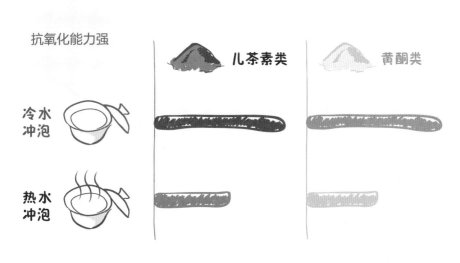

钱波等以二苯代苦味酰基自由基、超氧阴离子清除率和总还原力为指标，发现白茶乙醇提取物具有较强的体外抗氧化能力，并通过过氧化氢诱导的人结肠腺癌细胞氧化损伤模型得出白茶乙醇提取物对氧化损伤细胞有很好的保护效果。

刘淑敏通过研究发现，不同发酵程度茶浸提液对 DPPH 与羟基自由基等的清除能力随着茶叶发酵程度增加而减少。与其他茶相比，白茶有着更强的抗氧化活性。

李晓飞采用细胞抗氧化法（CAA）对六大茶类的抗氧化能力进行了研究，结果表明，六大茶类细胞抗氧化能力依次为白茶＞绿茶、青茶、黄茶＞黑茶＞红茶。

白茶　＞　绿茶、青茶、黄茶　＞　黑茶　＞　红茶

六大茶类细胞抗氧化能力排序

白茶的细胞抗氧化能力显著高于绿茶、黄茶，这可能与其高含量的表没食子儿茶素没食子酸酯（EGCG）有关，也可能因为白茶在加工过程中，只经过萎凋和干燥两道工序，既未破坏酶促反应而制止氧化，也没有促进氧化，鲜叶在长时间萎凋过程中伴随着一系列复杂的内含物相互转化，形成了特有的化学组分，这些组分可能通过协同作用增强了细胞的抗氧化活性。

体外抗氧化实验表明白茶具有较好的抗氧化能力，其中白毫银针的抗氧化活性最强，显著高于白牡丹和寿眉，这与儿茶素类、总黄酮类、有机酸总量具有较大相关性。

白毫银针 > 白牡丹 > 贡眉 > 寿眉

抗氧化谁最强？

细胞实验表明，白茶水提取物可抑制 $H_2O_2$ 诱导产生的 ROS 和丙二醛，维护细胞正常的氧化还原状态，从而降低 $H_2O_2$ 引起的细胞毒性；动物实验表明，白茶可显著减少由苯并芘引起的氧化应激，并降低动物肝功能损害和肺部损伤。

大鼠实验研究表明，白茶中的茶多酚，尤其是儿茶素能够有效清除自由基，并降低由自由基产生的氧化应激。白茶提取物对降低大鼠因注射阿霉素引起的氧化损伤和细胞毒性有着积极作用；长期（12 个月）以白茶喂养大鼠可降低大鼠因注射阿霉素而引起的肝脏、大脑和心脏的损伤。

朴秀美等采用气管注入纳米 $SiO_2$，诱导 Wistar 大鼠肺纤维化，结果表明，模型组大鼠出现明显氧化应激，而白茶提取物处理组 MDA 的含量显著降低，SOD 与 GSH-Px 等抗氧化酶的活性显著增强，可见白茶提取物可通过改善大鼠氧化应激来减轻肺纤维化。

## 2. 抗炎抑菌作用

### 先说说人体的炎症

外源性和内源性损伤因子可引起细胞各种各样的损伤性病变，与此同时，机体的局部和全身发生一系列复杂的反应，以局限和消灭损伤因子，清除和吸收坏死细胞、组织，并修复损伤，这就是机体的防御性反应——炎症。

在正常人机体内，适当的炎症有助于清除损伤，促进伤口修复和愈合，但过度的炎症会释放大量的炎症介质如一氧化氮（NO）、肿瘤坏死因子 α（TNF-α）、白细胞介素6（IL-6）等。其中，过量的 NO 会进一步产生活性氮自由基，抑制线粒体呼吸，攻击 DNA、蛋白质等生物大分子，使细胞和组织发生损伤；过量的 TNF-α、IL-6 等促炎症因子会进一步加剧炎症反应，造成恶性循环，严重时甚至会出现全身炎症反应综合征、中毒性休克以及多器官功能衰竭等，严重威胁人体健康，逐渐导致心血管疾病、癌症、神经退行性疾病等慢性疾病。因此，有效清除 NO，抑制 NO、TNF-α及 IL-6 的产生对炎症预防及治疗具有重要意义。

## 白茶的抑菌、消炎和抵抗病毒的作用已经得到证实

白茶中含有的茶多酚、黄酮等有效成分，具有很强的抑菌、消炎和抵抗病毒的作用。茶叶中的儿茶素类化合物对多种病原体具有明显的抑制作用，如伤寒杆菌、副伤寒杆菌等。何水平等采用牛津杯法和倍比稀释法，研究不同年份的白茶对 2 种肠道致病菌的抑制作用，得出白茶的主要生化成分在抑菌方面发挥着重要作用。

黎攀等通过烟熏法建立小鼠慢性阻塞性肺病模型来评价寿眉、白牡丹、白毫银针提取物的抗炎活性，结果表明 3 种白茶均能明显改善肺组织病理性损伤，显著降低丙二醛、IL-6、TNF-α 水平和肺组织髓过氧化物酶（MPO）活性，并提高超氧化物歧化酶（SOD）活性，改善 NO 失调，从而明显改善香烟烟雾诱导的小鼠慢性阻塞性肺病。

白茶具有抑菌、消炎和抵抗病毒的作用

中国农业科学院茶叶品质化学与营养健康团队采用多种炎症动物模型对白茶的抗炎活性进行了综合评价,对用不同贮存年份白茶处理的炎症动物血清进行了分析,在 67 个炎症因子中筛选出 9 个在白茶处理组中的差异表达,而其中 5 个差异因子在贮存 10 年白茶处理的炎症大鼠中具有最高表达。这些差异因子具有激活免疫细胞、抑制促炎因子、降低炎症反应、减少炎症发作中的组织破坏等作用。进一步研究发现,年份白茶中的"老白茶酮"对于脂多糖诱导的 RAW264.7 巨噬细胞具有较强的抗炎活性,且其抗炎活性强于 EGCG 和茶氨酸。

不同茶类杀菌效果比较研究表明,白茶具有较强的杀菌效果,能够有效抑制沙门氏菌,其抗菌作用甚至优于多酚含量较高的绿茶。何水平等研究了不同年份白茶对金黄色葡萄球菌和福氏志贺氏菌的抑制作用,结果表明,当年生产的白茶抑菌效果最佳,随着贮存时间的延长,抑菌效果呈减弱趋势。

### 3. 抗细胞突变及抗癌作用

癌症也称恶性肿瘤，是机体在内源性或者外源性致癌因素作用下，某些细胞生长增殖异常引起的疾病。当今，伴随着生活节奏的加快，人们的生活方式也不断改变，出现了很多不良的生活习惯，加之环境污染越来越严重，导致癌症发病率和死亡率逐年上升。根据 WHO 癌症专家预测，新的癌症病例将在未来 20 年内，由 2012 年的 1400 万例上升到 2200 万例。胃癌（8.8%）、肝癌（9.1%）、大肠癌（9.7%）和乳腺癌（11.9%）将成为未来两年最常见的癌症。

白茶中的有效物质具有显著的抗肿瘤、抗癌、抗突变的作用，能增强人体免疫力。这是因为白茶能够影响致癌物代谢酶的表达，从而抑制肿瘤细胞和癌细胞的形成与增殖。

Santana-Rios G 等的研究表明，白茶具有明显的抗突变活性，能够抑制脱甲基酶并减弱其突变活性，其抑制作用可能是由于白茶含有以 EGCG 为主的 9 种功能性成分。白茶中多酚类化合物对癌细胞有较强的抑制作用，其中 EGCG 的抑制作用最强，能同时作用于多个分子和通路，抑制肿瘤发生并促使肿瘤细胞凋亡，且对健康组织未见损伤。

Hajiaghaalipour F 等通过研究发现，白茶具有防止癌细胞增殖的作用，可以保护正常细胞的 DNA 免受损伤，其中白茶多酚能阻断亚硝基化合物的合成和亚硝基脯氨酸增生，从而对皮肤癌、肺癌、食道癌和胃癌等具有较显著的预防和抵抗作用。同时，白茶提取物可显著抑制人结肠腺癌 HT-29 细胞增长，促进其凋亡，这与激活凋亡相关蛋白半胱氨酸蛋白酶 −3,−8,−9（caspase-3,-8,-9）有关。

白茶具有抗肿瘤、抗癌、抗突变的作用

## 常饮白茶好处多

Omer G A 等在白茶茶汤与舒林酸协同抑制肠道肿瘤生成方面做了较多的研究。舒林酸是一种非甾体抗炎药,对肠道癌症有较好的抑制作用,C57BL/6J-APC 基因敲除小鼠是一种肠道会自然形成大量肿瘤的小鼠。研究发现,用 1.5% 白茶茶汤喂养 C57BL/6J-APC 基因敲除小鼠 12 周后,肠道肿瘤有显著抑制,抑制效果优于喂养 1.5% 绿茶茶汤和 80p.p.m 舒林酸。该研究中白茶的给药方式是每天自由饮用新鲜配置的 1.5% 白茶茶汤,是一种主动多次低剂量的给药方式,更加贴近人群饮茶方式。

王刚等通过对绿茶和白茶在抗突变和体外抗癌方面进行试验,发现在 400 μg/mL 质量浓度时,白牡丹和白毫银针对胃癌细胞和结肠癌细胞的生长抑制效果优于龙井绿茶和云雾绿茶。

## 4. 降血糖、降血压作用

临床试验证明，高浓度茶水中的儿茶素和咖啡碱可以使血管壁松弛，使血管的直径变宽，从而起到舒张血管、降低血压的作用。因此高血压、血管易淤塞的人群，可以通过多喝茶舒张血管，保持血管弹性，防止血管破裂。

丁仁凤等通过研究发现，白茶中含有丰富的茶多酚和茶多糖，其中寿眉的降血糖效果较显著，且寿眉水提物在改善小鼠葡萄糖耐量方面具有极显著的效果。刘犀灵等发现白毫银针、白牡丹、寿眉水提物均有降低小鼠血糖，增加糖耐量，改善胰岛素稳态的作用，其中以较粗老的鲜叶原料制成的寿眉白茶因茶多糖含量较高，降血糖效果最好。

**寿眉** > **白牡丹** > **白毫银针**

**降血糖效果对比**

Islam M S 也发现类似结果，较模型组，自由饮用 0.5%
白茶茶汤的大鼠的血糖浓度、总胆固醇和低密度脂蛋白胆固
醇显著降低，糖耐受显著改善。Xu P 等通过体外试验发现，
白茶对于 II 型糖尿病相关的 $\alpha$ - 淀粉酶和 $\alpha$ - 葡萄糖苷酶的
活性具有强烈的抑制作用。

胡晴晴等通过研究发现，富含 $\gamma$ - 氨基丁酸的白茶对
自发性高血压大鼠有一定的降血压作用，主要表现在降低
模型组大鼠血管收缩压和舒张压，增强动脉压力感受反射
功能等方面。

## 5. 降血脂及预防肥胖作用

### 为什么说白茶的降血脂效果好？

茶叶中的茶多酚、茶多糖、咖啡碱等物质能够发挥降低血
脂和减轻体重的功效。白茶中茶多酚与咖啡碱含量较高，这为
白茶发挥降血脂和预防肥胖的功效奠定了物质基础。

在临床人体试验方面，耿雪等开展了白茶对血脂异常人群血脂、血栓形成等影响的研究，发现白茶组受试者（51例）在试验末期甘油三酯、总胆固醇及总胆固醇与高密度脂蛋白的比值明显低于试验起始时和对照组，表明白茶具有调节人体血脂、减缓血栓形成的作用。

Tenore G C 等研究了白茶、绿茶与红茶多酚的体外降血糖与降血脂潜力，结果表明，白茶多酚在减少葡萄糖和胆固醇摄入，提高低密度脂蛋白受体结合活性，增加高密度脂蛋白浓度与抑制脂肪酶活性等方面均优于绿茶和红茶的多酚，表现出最高的降血糖与降血脂潜力。

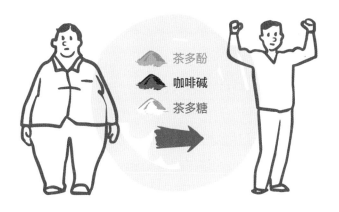

茶多酚
咖啡碱
茶多糖

白茶具有调节人体血脂、减缓血栓形成的作用

## 为什么说白茶预防肥胖和减肥的效果好？

近年来，越来越多的实验研究表明，茶叶中的有效提取成分具有良好的减肥效果。SÖHLE J 等的研究结果表明，从白茶中提取的有效成分不仅能有效减少脂肪的合成，还能促进脂肪的降解。郑丽等综合评价了白茶（寿眉）提取物预防小鼠肥胖的功效及其安全性，结果显示，白茶提取物在无肝毒性和生长抑制作用条件下，能抑制脂肪细胞分化、肝脏脂肪酸合成和脂肪的过度积累，有效地预防肥胖症和脂肪肝。

白茶提取物在体内外均表现出较好的减肥效果。郑丽等发现，在安全剂量范围内，分别用 1 年、3 年、7 年寿眉提取物对高脂饲料诱导的肥胖小鼠进行灌胃干预，能抑制脂肪分化和脂肪的过度积累，有效预防肥胖和脂肪肝，且预防肥胖的效果随着白茶年份的增加而降低。

## 6.抗紫外线辐射及美白作用

白茶中含有茶多酚、茶多糖、氨基酸、维生素等防辐射成分，可减少辐射产物自由基，增强体内抗氧化酶活性，提高细胞对辐射的抵抗力，增强细胞免疫功能，有助于造血、免疫细胞的生长繁殖和辐射损伤组织的恢复。

Camouse M M 等通过绿茶和白茶有效提取物的局部应用，确定外用白茶可以防止太阳辐射对人体皮肤的不利影响，白茶提取物质可以减少太阳辐射引起的细胞 DNA 损伤，有效预防紫外线对皮肤的伤害。

### 不是你容颜易老，而是白茶喝得太少

黑色素是酪氨酸在酪氨酸羟化酶、酪氨酸酶的作用下，经过一系列中间反应形成的。研究表明，茶叶中的茶多酚能降低酪氨酸酶的活性，减少黑色素的形成，故有使皮肤变白的功效。经常喝茶，特别是喝白茶，能够抑制皮肤瘢痕和色素的沉着，有效抑制皮肤衰老，保持皮肤红润有光泽，达到美白的效果。

# 三、老白茶独特的保健功能

## 1. 老白茶中功能性物质的变化

人们普遍认为，老白茶的营养价值和保健功能要明显优于新白茶。白茶在陈化过程中，其主要生化成分茶多酚、氨基酸、可溶性糖、黄酮类等物质不断发生酶促、氧化等一系列化学反应，这些反应又受温度、湿度、氧气、光照等一系列外界因素的影响，因此白茶的陈化是一个极为复杂的品质变化过程。

白茶陈放久了，主要有三大类物质逐渐增加：第一类是黄酮类物质的含量增加，而且是陈放越久，含量越高；第二类是茶褐素增加，这也是老白茶汤色偏深、滋味平和的原因；第三类是陈香逐渐显现，从花香、果香、蜜香、奶香逐步转向荷香、糯香、枣香、谷香、药香、糖香、参香、木香等。

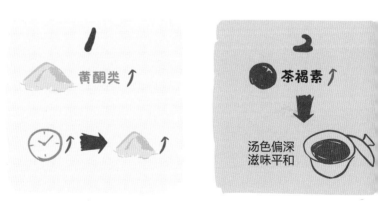

三大类物质逐渐增加

周琼琼等对不同年份白牡丹的主要生化成分进行了测定，发现贮存年限较短的白茶中的茶多酚、游离氨基酸、可溶性糖含量降幅较小，但经过较长时间贮存后，均呈下降趋势。陈放 2 年后，儿茶素类呈显著下降趋势，之后几年变化不大，但陈放 20 年的白茶中儿茶素类含量极少，大部分降解或转化为其他物质。陈年白茶中黄酮类的含量均高于当年白茶，陈放 20 年白茶的黄酮含量显著高于其他年份白茶，是当年新白茶的 2.34 倍。

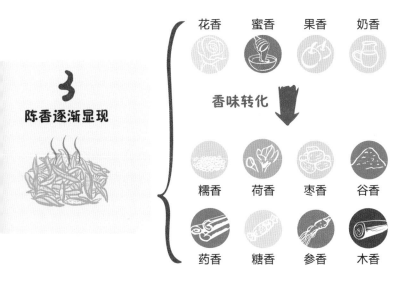

**3**
**陈香逐渐显现**

花香　蜜香　果香　奶香

香味转化

糯香　荷香　枣香　谷香

药香　糖香　参香　木香

Ning J 等研究了白毫银针、白牡丹、寿眉和贡眉在不同贮存时间的主要化学成分变化，结果表明，咖啡碱含量变化不大，比较稳定。儿茶素总量下降，但儿茶素中的单体物质没食子酸含量却随着贮存时间的延长而升高。除此之外，生物碱含量也呈现升高的趋势。

老白茶的三大色素会出现神奇的变化，茶褐素的含量随贮存时间的延长而增加，茶红素则减少，茶黄素含量比较稳定。

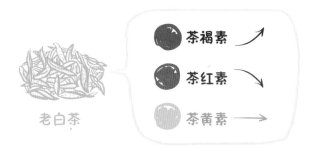

三大色素随贮存时间延长而变化

黄赟对不同年份的寿眉进行了滋味品质成分测定，结果显示，随着贮存时间的增加，寿眉中黄酮和茶褐素的含量逐渐升高，可溶性糖和茶红素的含量逐渐降低。张灵枝等对贮存 1 年、2 年、3 年、4 年和 6 年的寿眉进行了研究，发现茶褐素的含量随贮存时间的延长而增加，茶红素则减少，茶黄素含量比较稳定。三种色素含量的变化，揭示了老寿眉与新寿眉相比，汤色偏深、滋味平和的原因。

## 老白茶的香气是如何形成的？

白茶在贮存过程中，新白茶具有的清鲜、毫香感逐渐减少甚至消失，陈香逐渐显现，并常伴有枣香、梅子香等香气。随着贮存时间的增加，白茶中芳樟醇及其氧化物（花果香型）、香叶醇（典雅的玫瑰花香）、苯甲醛（弱苹果香）、苯乙醇（柔和的玫瑰花香）等醇类化合物的含量减少，使白茶的清鲜、毫香感逐渐减少甚至消失；雪松醇（温和木香、沉香）、二氢猕猴桃内酯（香豆素和麝香气息）、柏木烯和 $\beta$ - 柏木烯（柏木、杉木气息）等碳氢类化合物，尤其是烯类，有不同程度的增加，使陈年白茶的陈香逐渐显现。此外，在苯甲醛（果香型）、$\alpha$ - 紫罗酮（紫罗兰香型）、$\beta$ - 紫罗酮（紫罗兰和木香香型）、香叶基丙酮（玫瑰香、叶香、果香香型）等的协调作用下，陈年白茶形成了带有枣香、梅子香的特征香型。

白茶压成饼后，更容易出现木香和陈香。

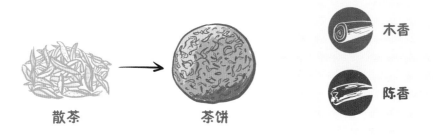

散茶　　　　　　　茶饼　　　　　　木香　　陈香

陈志达通过研究发现，贮存 3 年的白茶散茶与饼茶在香型上具有差异，饼茶中的芳樟醇及其氧化产物的相对含量下降较明显，木香和陈香更加突出。

## ₂. 揭开"老白茶酮"的神秘面纱

### 什么是"老白茶酮"？

所谓的老白茶酮其实是白茶中的儿茶素类成分（EGCG、ECG、EGC、EC 等）与游离茶氨酸在长时间的贮存过程中反应生成 N-乙基 -2-吡咯烷酮取代的黄烷醇类化合物，简称 EPSF 类化合物。

EPSF 类化合物最早由北京大学涂鹏飞课题组于 2014 年在黑茶中发现。2018 年，安徽农业大学在白牡丹中发现了 4 种 EPSF 类化合物，中国农业科学院茶叶研究所在老白茶中发现了 7 种，中国科学院昆明植物研究所在白毛茶中发现了 8 种，均为在儿茶素 C-8 或者 C-6 位取代形成的黄烷醇类化合物，其中中国农业科学院茶叶研究所发现的 7 种在 EGCG ECG、EGC、EC 的 C-8 位取代形成的 EPSF 类成分的化学结构式如下图所示。

1. R$_1$= OH, R$_2$= galloyl (S-EGCG-cThea)
2. R$_1$= OH, R$_2$= galloyl (R-EGCG-cThea)
3. R$_1$= H, R$_2$= galloyl (R-ECG-cThea)
4. R$_1$= OH, R$_2$= OH (S-EGC-cThea)

5. R$_1$= OH, R$_2$= OH (R-EGC-cThea)
6. R$_1$= H, R$_2$= OH (S-EC-cThea)
7. R$_1$= H, R$_2$= OH (R-EC-cThea)

年份白茶中发现的 7 个 EPSF 类成分的化学结构式

## "老白茶酮"是否可作为白茶贮存年份的预测指标?

*有待研究,但它的确是年份白茶的特征物质。*

Dai W D 等通过对不同年份白毫银针及白牡丹的研究,发现 EPSF 类成分的生成量随白茶贮存时间的延长而增加,推测 EPSF 类成分是年份白茶的特征化合物,可作为贮存年份的预测指标。

解东超等根据相关文献的研究结果,推测出年份白茶中 EPSF 成分的形成机理,如下图所示。

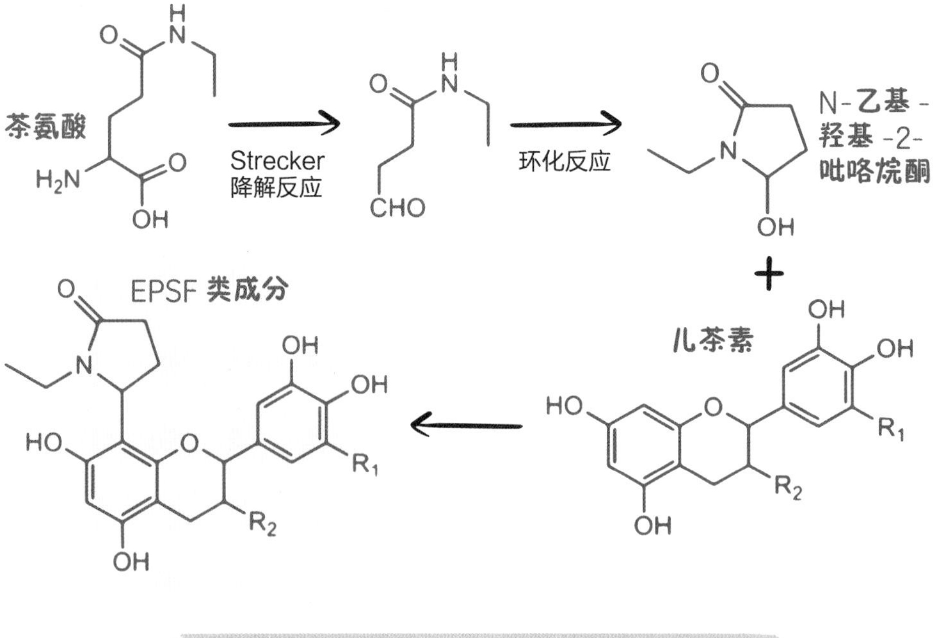

**白茶贮存过程中 EPSF 类成分的形成机理**

## 3. "老白茶酮"的保健功能

老白茶中 EPSF 类成分的发现，可能为老白茶的生物活性和保健功能增添新的解释。尽管该类成分已经成为茶叶化学研究领域的热点，但目前关于老白茶中 EPSF 类成分保健功能的研究相对较少。

Wang W 等人通过研究发现，与儿茶素相比，EPSF 类成分对 $H_2O_2$ 诱导的人微血管内皮细胞损伤具有更好的保护作用，揭示 EPSF 类成分可能具有抗心血管疾病的功效。进一步研究发现，EPSF 类成分对于脂多糖诱导的 RAW264.7 巨噬细胞具有较强的抗炎活性，且其抗炎活性强于 EGCG 和茶氨酸。

Meng X H 等发现，EPSF 类成分具有显著的体外抗氧化活性，并能够抑制乙酰胆碱酯酶的活性。Li X 等发现，EPSF 类成分可以抑制晚期糖基化终产物的形成，提示 EPSF 类成分可能具有预防糖尿病的作用。

"老白茶酮"的保健功能还在探索……

# 8

不同品种、产地的
白茶探究

# 一、不同茶树品种的白茶探究

## 1. 白茶的定义问题

我国茶叶的分类通常是依据茶叶的制作工艺及其呈现的品质特征。

依据茶叶分类国标的定义，白茶定义的依据是工艺，所以是不是白茶要看是否按照白茶（萎凋、干燥）的工艺来制作。也就是说，茶树的品种、鲜叶的老嫩度都不能决定其属性类别，它们只能决定白茶的等级和口感。

依据夏涛教授主编的第三版《制茶学》的定义：白茶因原料采摘不同，可分为芽茶（如白毫银针）、叶茶（如白牡丹、贡眉、寿眉）。采摘标准为：白毫银针只采一个单芽，白牡丹采一芽一、二叶初展为主要原料，贡眉采一芽二、三叶为主要原料。

## 2. 白茶国标的解读

2018年5月1日实施的白茶国标对白毫银针、白牡丹、贡眉、寿眉给出了定义。

**白毫银针：**以大白茶或水仙茶树品种的单芽为原料，经萎凋、干燥、拣剔等特定工艺过程制成的白茶产品。

**白牡丹：**以大白茶或水仙茶树品种的一芽一、二叶为原料，经萎凋、干燥、拣剔等特定工艺过程制成的白茶。

**贡眉：**以群体种茶树品种的嫩梢为原料，经萎凋、干燥、拣剔等特定工艺过程制成的白茶产品。

**寿眉：**以大白茶、水仙或群体种茶树品种的嫩梢或叶片为原料，经萎凋、干燥、拣剔等特定工艺过程制成的产品。

可以说，白茶国标是基于历史传承和品类优势建立起来的。有些省份和产茶区也有试制白茶的茶树资源，但是受白茶国标的品种限制，不能参照执行。好在白茶国标只是一个推荐性标准，所以非传统白茶产区可以通过团标、企标这条渠道，申请新的标准，发展自己的白茶产业。

## 3. 什么是适制性？

适制性是指茶树品种适合制造某类茶叶并能达到最佳品质的特性。茶叶的适制性表现在品种的物理特性和化学成分含量两方面。物理特性包括叶型、叶色、茸毛和持嫩性等；化学成分含量包括茶多酚、氨基酸和叶绿素含量等。拥有不同物理特性和化学成分的品种适合被制成不同种类的茶。

依据陈常颂、于文权等编著的《福建省茶树品种图志》，样品加工后 20 天左右，按照茶叶感官审评方法进行感官审评，以五项因子加权后总分最高的一批次来确定茶叶的适制性茶类、品质得分、香气和滋味特征。

## 4. 白茶的适制性品种

依据夏涛教授主编的第三版《制茶学》，白茶的适制性品种为鲜叶原料芽叶肥壮，满披茸毛，酚氨比一般低于 10。

### 我国审定的茶树品种有多少个？哪些树种适合制作白茶？

依据《中国茶树品种志》，自 1969 年至 2000 年由国家或省农作物品种审定机构审定的茶树品种共 196 个，其中国家审定品种 77 个，省审定品种 119 个，其中无性系品种 163 个。国家审定的无性系品种是当前的主要栽培品种，可以在一个大的区域内推广。

适制白茶的品种分为群体种和选育品种。群体种有福鼎、政和、建阳、松溪、景谷等地适合制作白茶的当地群体种；选育品种则要求茶树芽叶绒毛较多、氨基酸含量较高，适制白茶的茶树品种有福鼎大白茶、福鼎大毫茶、政和大白茶、福安大白茶、九龙大白茶、景谷大白茶、长叶白毫等。

## 二、不同产地的白茶探究

　　清朝年间，福建省东部的福鼎市首先创制了现代白茶工艺，后陆续传到闽北建阳、政和、松溪等地。近年来受市场需求刺激，白茶产区从福建省逐步扩大到云南、贵州、浙江、广西、广东、山东、河南、湖北、湖南等省份，全国白茶产量逐年增加。

## 1. 福建

福建省地方标准《DB35/T 1909—2020 白茶　品种》里指出，适制白茶的品种分为群体种和选育品种。群体种有福鼎、政和、建阳以及松溪等地适合制作白茶的当地群体种；选育品种则要求茶树芽叶绒毛较多、氨基酸含量较高，且加工制成的白茶品质应符合 GB/T 22291—2017 中对白茶感官品质的要求。

福建省是现代白茶的发源地，同时也是我国白茶的主产地。近年来，随着全国各地白茶产量的逐年增加，福建省白茶产量占全国白茶产量的比例虽有下降，但其产量仍远超其他省份，据中国茶叶流通协会统计，截至 2020 年，福建白茶产量占全国白茶总产量的比例仍超 60%。

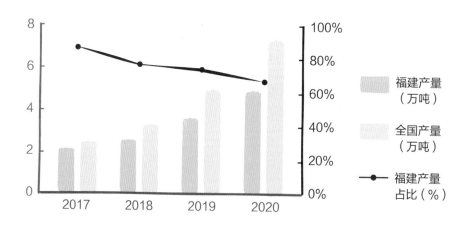

**2017—2020 年全国及福建白茶产量**

福建白茶根据茶树品种和原料采摘嫩度的不同，可分为白毫银针、白牡丹、贡眉和寿眉四类。根据《GB/T 22291—2017 白茶》的定义，白毫银针、白牡丹、贡眉和寿眉的要求如下。

| 品名 | 品种 | 采摘标准 | 品质特征 |
|------|------|---------|---------|
| 白毫银针 | 大白茶 水仙茶树 | 单芽 | 芽头满披白毫，色白如银，形状如针，清纯、毫香显露，清纯鲜爽、毫味足，汤色浅杏黄、清澈明亮，叶底肥壮、软嫩、明亮 |
| 白牡丹 | 大白茶 水仙茶树 | 一芽一叶 一芽二叶 | 外形自然舒展、二叶抱心，色泽灰绿、鲜嫩，醇爽毫香显，清甜醇爽、毫味足，汤色橙黄、清澈明亮，叶底芽心较多、叶张嫩 |
| 贡眉 | 群体种茶树 | 嫩梢 | 外形芽心较小，色泽灰绿稍黄，香气鲜纯，汤色黄亮，滋味清甜，叶底黄绿，叶脉带红 |
| 寿眉 | 大白茶 水仙 群体种茶树 | 嫩梢 叶片 | 叶态尚紧卷，尚灰绿，香气纯正，醇厚尚爽，汤色尚橙黄，叶底稍有芽尖、叶张软尚亮 |

　　20 世纪 60 年代末，为满足港澳地区市场需求，新工艺白茶应运而生，其原料嫩度标准与贡眉、寿眉类似，但在传统白茶加工工艺基础上，加入了快速轻揉和轻发酵工序。与传统白茶相比，新工艺白茶具有轻萎凋、轻揉捻、轻发酵的工艺特点。

| 传统白茶初制工序 | 新工艺白茶初制工序 |
| --- | --- |

鲜　叶

鲜　叶

轻萎凋

轻　揉

轻发酵

萎　凋

干　燥

干　燥

| 品质因子 | 传统白茶 | 新工艺白茶 |
|---|---|---|
| 外形 | 自然舒展，色泽灰绿 | 外形稍卷，色泽略带褐色 |
| 香气 | 毫香、清鲜 | 花香、毫香 |
| 滋味 | 鲜醇 | 浓醇清甘 |
| 汤色 | 浅黄或橙黄 | 橙红 |
| 叶底 | 色泽黄绿，叶脉微红 | 色泽青灰带黄，筋脉带红 |

## "大白""小白""水仙白"的区别

　　根据茶树品种的不同，福建白茶又可分为大白、水仙白和小白。"大白"指由福鼎大白茶、福鼎大毫茶、政和大白茶以及福安大白茶等品种的鲜叶制成的成品；"水仙白"则由水仙茶树品种的鲜叶制成；"小白"由当地群体种茶树（也称"菜茶"）鲜叶制成。"水仙白"和"小白"由于原料产量限制，产制规模较小；目前市面的流通产品以"大白"为主。

## 不同茶树品种制成白茶的品质特点

| 茶树品种 | | 成茶特点 |
|---|---|---|
| 大白 | 福鼎大毫茶 | 外形肥壮、白毫密披、色白如银，香鲜爽，味醇和 |
| | 福鼎大白茶 | 毫芽洁白肥壮、多茸毛，香气清鲜有毫香，滋味清醇鲜爽 |
| | 政和大白茶 | 毫芽肥壮，香气清鲜，滋味鲜醇浓厚 |
| 水仙白 | 福建水仙 | 香味、品质均较好，但叶片稍黄，一般不单独精制成白牡丹，多数供拼配使用，目前生产量较小 |
| 小白 | 菜茶（建阳贡眉） | 茶芽小，外形较细长，菜茶具有特殊香气，滋味鲜醇，但由于菜茶种植面积小、产量低，目前仅少量产制 |

危赛明等认为，按地理位置划分，福建省白茶产区主要分布在闽东茶区和闽北茶区。其中，闽东地区主产地为福鼎，福安、柘荣、寿宁等地也有少量生产；而闽北地区主产地则为政和，此外建阳、松溪、建瓯等地也有生产。

## 不同产区的主栽适制白茶茶树品种及主要白茶产品

| 产地 | 白茶产品 | 主栽品种 |
|---|---|---|
| 福鼎市 | 白毫银针<br>白牡丹<br>新工艺白茶 | 福鼎大毫茶<br>福鼎大白茶等 |
| 政和县 | 白毫银针<br>白牡丹 | 福安大白茶<br>政和大白茶<br>福云6号等 |
| 南平市建阳区 | 白牡丹<br>贡眉（寿眉） | 福建水仙、福安大白茶<br>政和大白茶、菜茶等 |
| 松溪县 | 白牡丹 | 九龙大白茶 |

提起福鼎白茶，少不得要拿它与政和白茶对比一番。福鼎白茶产区主要以太姥山为中心，分布于点头、白琳、管阳等地。政和白茶产区则以东平镇为中心，点状辐射发展至星溪河流域，即石屯、星溪、铁山等低海拔地区。

### 福鼎白茶和政和白茶的工艺区别

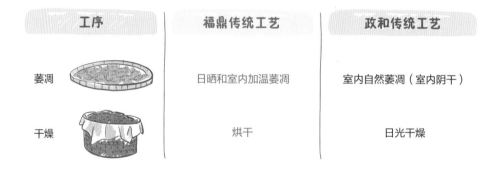

| 工序 | 福鼎传统工艺 | 政和传统工艺 |
| --- | --- | --- |
| 萎凋 | 日晒和室内加温萎凋 | 室内自然萎凋（室内阴干） |
| 干燥 | 烘干 | 日光干燥 |

正是由于地域性、适制品种以及加工工艺的区别，最终造成了不同产区的白茶品质风格的不同。

### 福鼎白茶和政和白茶的品质特点

福鼎白茶白毫明显、芽叶肥硕，成茶香气清鲜带毫香，滋味清醇鲜爽；政和白茶则条形稍瘦细长、茶梗稍显、白毫略薄、稍显灰，香气高扬清冽，滋味鲜醇浓厚。

## 2. 云南

云南白茶为云南境内茶树以芽、叶、嫩茎为原料制成的白茶。云南白茶团体标准中将云南白茶按外观形态分为云南白茶（散茶）和紧压云南白茶。云南白茶（散茶）根据原料采摘嫩度的不同，可分为白毫银针、白牡丹、贡眉、寿眉。紧压云南白茶根据原料采摘嫩度的不同，可分为紧压白毫银针、紧压白牡丹、紧压贡眉、紧压寿眉。

| 等级 | 鲜叶原料 | 采摘标准 |
| --- | --- | --- |
| 白毫银针 | 云南省内茶树 | 单芽 |
| 白牡丹 | 云南省内茶树 | 一芽一叶 |
| 贡眉 | 云南省内茶树 | 一芽二叶 |
| 寿眉 | 云南省内茶树 | 一芽三、四叶，嫩梢或叶片 |

云南作为茶树的发源地，其品种多为大叶种茶树，因此云南白茶大多由云南大叶种鲜叶制成，主要适制品种有景谷大白茶和长叶白毫。此外，以云南古树茶为原料的白茶被称为"古树白茶"。

## 作为两大主产区的代表，云南白茶与福鼎白茶有什么差异？

段红星等选取了福建省福鼎市和云南省景谷县共 12 个白茶样品，分别进行了感官审评和主要理化分析。研究结果如下表所示。

| 感官品质 | | 云南白茶 | 福鼎白茶 |
|---|---|---|---|
| 外形 | | 叶面白、叶背黑，毫毛密且细，更加平整 | 叶面更翘 |
| 内质 | | 口感醇厚，带有蜜香，稍有毫香 | 清雅，更具毫香 |
| 一芽一叶内含成分含量（%） | 水浸出物 | 42.12 | 37.99 |
| | 茶多酚 | 26.72 | 23.10 |
| | 氨基酸 | 2.52 | 3.59 |
| | 咖啡因 | 4.29 | 4.26 |

## 3. 其他产区

随着白茶产业的快速发展，很多省份也利用当地品种开展白茶生产。梅宇等指出，受市场需求刺激，除福建省和云南省外，浙江、山东、湖北、湖南、河南、广东、广西、贵州等省、自治区的部分地区也开始生产白茶，且产量不断增加。张玉琴等的研究表明，截至 2021 年，除福建省外，有 13 个省、区、市生产白茶，形成了福建省福鼎市、福建省政和县、湖北省咸丰县、湖南省桑植县、广西壮族自治区三江侗族自治县、云南省景谷傣族彝族自治县六大白茶产业发展示范区域。

近年来，贵州省的茶叶产量及茶园面积也逐渐增加，刘玉倩等通过多方面研究指出贵州加工白茶的优势。湄潭县因海拔高、纬度低、云雾多、日照少等独特的地理条件盛产茶叶，当地茶产品已覆盖六大茶类，其中就有湄潭白茶。除此之外，贵州还有遵义白茶及黔眉601等制成的白茶产品。

薛小飞对湖北的茶产业发展做了研究，指出湖北省茶叶产量居全国第三位，名优茶品涵盖六大茶类，其中崇阳白茶为湖北白茶的重点代表之一，还是咸宁重点打造的茶品牌。除此之外还有鹤峰白茶等。

四川为产茶大省，原料资源十分丰富，种植有许多适制白茶的品种，如福鼎大白、福鼎大毫、名山白毫等。李明月等在2015年提出了四川白茶的概念，研究了在四川适制白茶的意义，并探究了适合四川白茶的工艺，为优化工艺参数提出了基础数据。

黄洁津等通过研究发现，广西拥有的地方品种——凌云白毫茶，是全国唯一能够生产绿茶、红茶、白茶、黄茶、黑茶、青茶六大类商品茶的国家级良种，也是广西第一个获地理标志产品保护的品种。此外，广西农垦茶叶研究所选育的桂热1号、桂热2号也是加工白茶的优质原料。

湖南张家界市桑植县也是白茶的特色产区。张帆等的研究提到，当地结合白族文化创制了桑植白茶"风花雪月"不同级别的系列产品。月级芽头肥壮挺直，色泽银白，白毫满披，嫩香、毫香明显，汤色浅黄明亮，滋味清甜醇爽，叶底软嫩、匀明亮。雪级、花级、风级芽叶连枝，叶态略卷，叶张尚嫩，叶色灰褐或棕褐，甜香、花香显露，滋味甘醇尚爽，汤色橙黄明亮，叶底软嫩、匀亮。此外，钟兴刚、黄怀生等通过感官审评比较和生化品质测定分析得出，湖南汝城白毛茶（地方性群体）适合制作红茶与白茶，并对其加工白茶的工艺做了探究，结果表明，汝城白毛茶在适合的加工工艺及参数下，可以做出白毫满披、花香浓郁，具有鲜、爽、甜、厚、甘、醇等特点的高档白茶产品。

浙江的名优绿茶产业特色鲜明，随着茶业需求的多样化，谷兆骐利用浙江丰富的茶叶品种加工白茶产品，筛选出浙江当地的白茶适制品种，为浙江白茶的产业发展提供了理论支撑。

此外，其他产茶省份也有白茶产品，如广东用仁化白毛茶和英红九号制作的白茶、山东用福鼎大白和金萱制作的白茶、河南信阳白茶等。与福建隔海相望的台湾地区也不落下风，在 20 世纪 60 年代，台湾地区的白茶曾一度占领香港市场。如今，台湾也有诸多用金萱、硬枝红心乌龙等品种制作的白茶。

# 参考文献

[1] 杨文辉.关于白茶起源时期的商榷 [J].茶叶通讯, 1985(1).

[2] 袁弟顺, 郑金贵.白茶的研究进展 [J].福建茶叶, 2007(2).

[3] 汤鸣绍.中国白茶的起源、品质成分与保健功效 [J].福建茶叶, 2015(2).

[4] 陈宗懋.中国茶叶大辞典 [M].北京: 中国轻工业出版社, 2008.

[5] 程柱生.白茶产制历史稽考 [J].茶业通报, 1983(2).

[6] 尤志明, 杨如兴, 邬龄盛, 等.白茶的发展现状与技术创新 [C]// 中国茶叶学会.中国茶叶科技创新与产业发展学术研讨会论文集, 2009.

[7] 崔鑫霞.白茶的研究现状 [J].福建茶叶, 2010(Z2).

[8] 蔡华春.白茶品质形成研究概述 [J].茶叶科学技术, 2012(1).

[9] 童薏霖, 范方媛, 等.白茶感官滋味特征属性及相关贡献组分研究 [J].食品工业科技, 2022(7).

[10] 段红星, 孙围围.福鼎白茶与景谷白茶内含成分与感官品质研究 [J].云南农业大学学报 (自然科学版), 2016(6).

[11] 王若娴, 黄翔翔, 李勤, 等.不同类型白茶儿茶素、香气成分与感官品质比较 [J].食品工业科技, 2022(5).

[12] 邓仕彬, 林国荣, 周凤超.制茶工艺对白茶品质影响研究进展 [J].食品工业科技, 2021(2).

[13] 吴白乙拉, 包俊杰.用 HPLC 方法对中国茶叶中茶多酚等成分含量的定量分析 [J].内蒙古民族大学学报 (自然科学版), 2009(1).

[14] 刘谊健, 郭玉琼, 詹梓金.白茶制作过程主要化学成分转化与品质形成探讨 [J].福建茶叶, 2003(4).

[15] 将积祝子, 高柳博次, 严俊, 等.中国白茶黄茶青茶黑茶的化学成分比较 (摘要)[J].茶业通报, 1985(2).

[16] 宛晓春.茶叶生物化学 [M].3 版.北京: 中国农业出版社, 2003.

[17] 郝连奇.茶叶密码 (修订本)[M].武汉: 华中科技大学出版社, 2018.

[18] 陈志达.白茶风味品质的物质基础与量化评价研究 [D].杭州: 浙江大学, 2019.

[19] 施兆鹏.茶叶加工学 [M].北京: 中国农业出版社, 1997.

[20] 杨贤强, 王岳飞, 陈留记, 等.茶多酚化学 [M].上海: 上海科学技术出版社, 2003.

[21] 刘菲, 孙威江.白茶品质研究进展 [J].食品工业科技, 2015(10).

[22] 叶乃兴.白茶科学技术与市场 [M].北京: 中国农业出版社, 2010.

[23] 郭丽, 蔡良绥, 林智.中国白茶的标准化萎凋工艺研究 [J].中国农学通报, 2011(2).

[24] 张应根, 王振康, 陈林, 等.环境温湿度调控对茶鲜叶萎凋失水及白茶品质的影响 [J].福建农业学报, 2012(11).

[25] 周寒松，潘玉华，黄先洲．白茶人工调温调湿萎凋水分变化初探 [J]. 茶叶科学技术 ,2009(3).

[26] 袁弟顺．中国白茶 [M]. 厦门：厦门大学出版社，2006.

[27] 焦海晏．人工光源萎凋的应用 [J]. 茶叶科学简报 ,1986(2).

[28] 李凤娟．白茶的滋味、香气和加工工艺研究 [D]. 杭州：浙江大学，2012.

[29] 黄藩，唐晓波，等．LED 光照萎凋对三花 1951 白茶香气的影响 [J]. 江苏农业科学，2022(4).

[30] 罗玲娜．白茶连续化生产线及 LED 光质萎凋工艺与品质的研究 [D]. 福州：福建农林大学，2015.

[31] 黄藩，唐晓波，等．不同光质萎凋对贡眉白茶滋味品质的影响 [J]. 食品与发酵工业 ,2021(6).

[32] 袁弟顺，林丽明，等．自然萎凋白茶的品质形成机理研究 [C]// 中国茶叶学会.2008 茶学青年科学家论坛论文集 ,2008.

[33] 张少雄．白茶室内自然萎凋不同种鲜叶水分变化 [J]. 茶叶科学技术 ,2012(3).

[34] 陈可坚．不同萎凋方式对白茶品质的影响 [J]. 福建茶叶 ,2020(6).

[35] 黄藩，王迎春，等．变温萎凋技术对贡眉白茶品质的影响 [J]. 中国农学通报 ,2022(19).

[36] 王子浩，刘威，等．三种萎凋方式对信阳群体种白茶成分及品质影响分析 [J]. 陕西农业科学 , 2018(6).

[37] 安徽农学院．制茶学 [M]. 杭州：浙江人民出版社，1961.

[38] 林宏政，俞少娟，等．多波长 LED 白茶复合式光萎凋生产线设计与关键模块配置 [J]. 中国茶叶 ,2021(11).

[39] 江丽萍．白茶日光连续萎凋方式及应用效果试验研究 [D]. 福州：福建农林大学 ,2009.

[40] 余松夏，赵眸宇．白茶加工工艺初探 [J]. 食品安全导刊 ,2022(19).

[41] 张玉琴．论不同干燥工艺对白茶品质的影响 [J]. 福建茶叶 ,2022,(1).

[42] 林章文，陈韵扬．电焙与炭焙干燥对福鼎白茶品质的影响 [J]. 中国茶叶加工 , 2022(2).

[43] 乔小燕，吴华玲，陈栋．干燥温度对丹霞白茶挥发性成分的影响 [J]. 现代食品科技 , 2017(11).

[44] 程柱生．略谈白茶在制过程中酶的催化作用 [J]. 茶叶科学简报 ,1984(3).

[45] 王子浩，刘威，尹鹏，等．不同加工工艺对信阳群体种白茶品质及成分的影响 [J]. 食品科技 ,2017(1).

[46] 叶靖平，常玉高，田兴泽，等．白茶加工试验 [J]. 现代农业科技 ,2020(18).

[47] 林星辰．白茶加工工艺对成茶品质的影响 [J]. 福建茶叶 ,2022(9).

[48] 夏涛.制茶学 [M].3 版.北京:中国农业出版社,2016.

[49] 黄刚骅,李沅达,邓秀娟,等.四种干燥方式云南白茶的香气组分分析 [J].食品工业科技,2022(18).

[50] 林钰虹,魏然,方舟滔,等.干燥工艺对白茶品质及抗氧化活性的影响研究 [J].中国茶叶加工,2022(2).

[51] 卓敏,乔小燕,吴华玲,等.丹霞白茶加工关键技术参数研究 [J].广东农业科学,2013(1).

[52] 张丹,任苧,李博,等.压饼及湿热工艺对白茶品质和抗氧化活性的影响 [J].茶叶,2017(1).

[53] 林宏政,李鑫磊,周泳锋,等.白茶散茶与茶饼在色泽、滋味及香气组分上的差异研究 [J].食品工业科技,2019(15).

[54] 张建勇,江和源,等.白牡丹茶的主要生化成分分析 [J].食品科技,2011(1).

[55] 丁玎.不同等级和储藏时间白茶主要化学品质成分分析 [D].合肥:安徽农业大学,2016.

[56] 黄赟.福建白茶化学成分与感官品质研究初报 [D].福州:福建农林大学,2013.

[57] 宛晓春,夏涛.茶树次生代谢 [M].北京:科学出版社,2015.

[58] 吴小崇.游离氨基酸在绿茶贮藏中的变化 [J].茶叶通讯,1989(4).

[59] 周琼琼,孙威江,叶艳,等.不同年份白茶的主要生化成分分析 [J].食品工业科技,2014(9).

[60] 康孟利,王高明,凌建刚,等.白茶贮藏品质特性研究初探 [J].农产品加工,2015(10).

[61] 梁木子.茶叶的体质养生文献研究 [D].南京:南京中医药大学,2021.

[62] 奚茜.茶性、茶效与茶用的文献研究 [D].北京:北京中医药大学,2017.

[63] 孙广仁.中医基础理论 [M].北京:中国中医药出版社,2019.

[64] 王琦.9 种基本中医体质类型的分类及其诊断表述依据 [J].北京中医药大学学报,2005(4).

[65] 国家药典委员会.中国药典 [M].北京:中国医药科技出版社,2020.

[66] 杨伟丽,肖文军,邓克尼.加工工艺对不同茶类主要生化成分的影响 [J].湖南农业大学学报(自然科学版),2001(5).

[67] 胡金祥.白茶理化成分的分析与花色苷的结构鉴定 [D].杭州:浙江大学,2020.

[68] 李晓飞.白茶、黄茶等六大茶类抗氧化、抗炎及抗癌功能特性研究 [D].广州:华南农业大学,2017.

[69] 钱波,廖衫,等.白茶乙醇提取物体外抗氧化活性研究 [J].食品工业科技,2018(8).

[70] 刘淑敏.不同茶类浸提液及茶多酚的生物活性和机理研究 [D].广州:华南理工大学,2016.

[71] 吕海鹏，张悦，等．不同花色种类白茶的抗氧化活性及其主要品质化学成分分析 [J]．食品科学，2016(20)．

[72] 朴秀美，金恩惠，陈兴华，等．白茶提取物对纳米 $SiO_2$ 诱导的大鼠肺纤维化的抑制作用及机制 [J]．茶叶科学，2020(2)．

[73] 何水平，李晓静，罗婵玉，等．不同年份白茶抑菌效果研究 [J]．食品工业科技，2016(14)．

[74] 黎攀，周辉，蔡梅生，等．白茶对烟雾诱导的小鼠慢性阻塞性肺病的改善研究 [J]．茶叶科学，2020(5)．

[75] 王刚，赵欣．两种白茶的抗突变和体外抗癌效果 [J]．食品科学，2009(11)．

[76] 丁仁凤，何普明，揭国良．茶多糖和茶多酚的降血糖作用研究 [J]．茶叶科学，2005(3)．

[77] 刘犀灵，任发政，雷新根，等．白茶对糖尿病模型小鼠降血糖作用的研究 [J]．中国食物与营养，2018(4)．

[78] 胡晴晴．富 γ- 氨基丁酸白茶对自发性高血压大鼠血压和动脉压力反射功能的影响 [D]．上海：第二军医大学，2012．

[79] 耿雪，张晓鹏，等．白茶对血脂异常人群血脂、血栓形成和抗氧化能力的影响 [J]．毒理学杂志，2019(2)．

[80] 郑丽，侯彩云，任发政．白茶寿眉预防小鼠肥胖作用研究及安全性评价 [J]．茶叶科学，2017(6)．

[81] 张灵枝，韩丽，欧惠算．不同存贮时间寿眉的生化成分分析 [J]．中国茶叶加工，2016(4)．

[82] 宁芊，韦航，等．陈年白茶香气成分分析方法的优化及应用[J]．食品工业，2019(12)．

[83] 刘琳燕，周子维，等．不同年份白茶的香气成分 [J]．福建农林大学学报（自然科学版），2015(1)．

[84] 解东超，戴伟东，林智．年份白茶中 EPSF 类成分研究进展 [J]．中国茶叶，2019(3)．

[85] 杨亚军，梁月荣．中国无性系茶树品种志 [M]．上海：上海科学技术出版社，2014．

[86] 梁明志，田易萍，蒋会兵．云南茶树种质资源 [M]．昆明：云南科技出版社，2016．

[87] 危赛明．白茶的产区和品质特征 [J]．中国茶叶加工，2019(3)．

[88] 梅宇，林璇．2017 中国白茶产销形势分析报告 [J]．福建茶叶，2017(9)．

[89] 张玉琴．中国白茶茶树品种利用现状与展望 [J]．福建茶叶，2022(4)．

[90] 刘玉倩，杨家干．贵州工艺白茶加工及优势浅谈 [J]．农家参谋，2019(24)．

[91] 李明月．四川白茶加工技术及品质评价研究 [D]．成都：四川农业大学，2015．

[92] 谷兆骐 . 浙江省主栽茶树品种加工白茶的品质与工艺研究 [D]. 杭州: 浙江大学 ,2016.

[93] 薛小飞 . 湖北省茶产业发展研究 [J]. 蚕桑茶叶通讯 , 2020(3).

[94] 黄洁津 , 罗莲凤 . 广西白茶发展现状与前景分析 [J]. 中国园艺文摘 ,2012(11).

[95] 张帆 , 伍孝冬 , 余鹏辉 , 等 . 桑植白茶产业发展的现状、问题及对策 [J]. 湖南农业科学 ,2022(1).

[96] 黄怀生 , 粟本文 , 钟兴刚 , 等 . 湖南地方性茶树资源汝城白毛茶适制性分析 [J]. 中国茶叶加工 ,2021(2).

[97] 钟兴刚 , 黄怀生 , 黎娜 , 等 . 汝城白毛茶白茶加工工艺研究 [J]. 江西农业学报 ,2020(6).

[98] 张丽霞 , 向勤锃 , 高树文 , 等 . 山东茶树品种引进利用现状与展望 [J]. 中国茶叶 ,2015(8).

[99] 马原 , 任小盈 , 马存强 , 等 . 不同采制季节信阳白茶品质成分的比较分析 [J]. 现代食品科技 ,2022(7).

[100] Deng W W, Wang R, Yang T, et al. Functional characterization of salicylic acid carboxyl methyltransferase from camellia sinensis, providing the aroma compound of methyl salicylate during the withering process of white tea[J]. Journal of Agricultural and Food Chemistry, 2017(50).

[101] Wang Y, Zheng P C, Liu P P, et al.Novel insight into the role of withering process in characteristic flavor formation of teas using transcriptome analysis and metabolite profiling [J].Food Chemistry, 2019, 272.

[102] Wu Z J , Ma H Y , Zhuang J . iTRAQ–based proteomics monitors the withering dynamics in postharvest leaves of tea plant (Camellia sinensis)[J]. Molecular Genetics and Genomics, 2018(1).

[103] Friedman M, Levin C E, Lee S U. Stability of green tea catechins in commercial tea leaves during storage for 6 months[J]. Journal of Food Science, 2009(2).

[104] Thring T S, Hili P, Naughton D P. Anti–collagenase, anti–elastase and anti-oxidant activities of extracts from 21 plants[J]. BMC Complementary and Alternative Medicine, 2009(27).

[105] Damiani E, Bacchetti T, Padella L, et al. Antioxidant activity of different white teas: Comparison of hot and cold tea infusions[J]. Journal of Food Composition & Analysis, 2014(1).

[106] Xu P, Chen L, Wang Y. Effect of storage time on antioxidant activity and inhibition on $\alpha$–Amylase and $\alpha$–Glucosidase of white tea[J]. Food Science and Nutrition, 2019(2).

[107] Rangi S, Dhatwalia S K, Bhardwaj P, et al. Evidence of similar protective effects afforded by white tea and its active component 'EGCG' on oxidative-stress mediated hepatic dysfunction during benzo(a)pyrene induced toxicity[J]. Food Chemical Toxicology, 2018, 116.

[108] Dhatwalia S K, Kumar M, Bhardwaj P, et al. White tea—A cost effective alternative to EGCG in fight against benzo (a) pyrene (BaP) induced lung toxicity in SD rats[J]. Food Chemical Toxicology,2019,131.

[109] Espinosa C, Perez–Llamas F, Guardiola F A, et al. Molecular mechanisms by which white tea prevents oxidative stress[J].Journal of Physiology and Biochemistry,2014(4).

[110] Espinosa C, Lopez–jimenez J A, Cabrera L, et al. Protective effect of white tea extract against acute oxidative injury caused by adriamycin in different tissues[J],Food Chemistry, 2012(4).

[111] Chen X M, Kitts D D, Ma Z. Demonstrating the relationship between the phytochemical profile of different teas on antioxidant and anti–inflammatory capacities[J]. Functional Foods in Health and Disease, 2017(6).

[112] Santana–Rios G, Orner G A, Amantana A, et al. Potent antimutagenic activity of white tea in comparison with green tea in the Salmonella assay[J]. Mutation Research–genetic Toxicology and Environmental Mutagenesis, 2001(1/2).

[113] Hajiaghaalipour F, Kanthimathi M S, Sanusi J, et al. White tea (Camellia sinensis) inhibits proliferation of the colon cancer cell line, HT–29, activates caspases and protects DNA of normal cells against oxidative damage[J]. Food Chemistry, 2015,169.

[114] Orner G A, Dashwood W M, Blum C A, et al. Suppression of tumorigenesis in the Apc(min) mouse: down–regulation of β–catenin signaling by a combination of tea plus sulindac[J]. Carcinogenesis, 2003(2).

[115] Orner G A, Dashwood W M, Blum C A, et al. Response of Apc(min) and A33 (ΔNβ–cat) mutant mice to treatment with tea, sulindac, and 2–amino-1–methyl–6–phenylimidazo[4,5b]pyridine (PhIP) [J]. Mutation Research, 2002(10).

[116] Orner G A, Elias V D, Pereira C B, et al. Interactions between white tea and sulindac in the prevention of intestinal cancer[J]. Cancer Research, 2006(8).

[117] Islam M S. Effects of the aqueous extract of white tea (Camellia sinensis in a streptozotocin–induced diabetes model of rats[J]. Phytome–dicine International Journal of Phytotherapy & Phytopharmacology, 2012(1).

[118] Tenore G C, Stiuso P, Campiglia P, et al. In vitro hypoglycaemic and hypolipidemic potential of white tea polyphenols[J]. Food Chemistry, 2013(3).

[119] Söhle J, Knott A, Holtzmann U, et al. White Tea extract induces lipolytic activity and inhibits adipogenesis in human subcutaneous(pre)–adipocytes[J]. Nutrition&Metabolism,2009(6).

[120] Camouse M M, Domingo D S, Swain F R, et al. Topical application of green and white tea extracts provides protection from solar–simulated ultraviolet light in human skin [J]. Experimental Dermatology, 2009(6).

[121] Ning J, Ding D, Song Y, et al. Chemical constituents analysis of white tea of different qualities and different storage times[J]. European Food Research and Technology, 2016(12).

[122] Dai W D, Tan J F, Lu M L, et al. Metabolomics investigation reveals 8–C N–ethyl–2–pyrrolidinone substituted flavan–3–ols are potential marker compounds of stored white teas[J]. Journal of Agricultural and Food Chemistry, 2018(27).

[123] Wang W , Liang Z, Shu W, et al. 8–C N–ethyl–2–pyrrolidinone substituted flavan–3–ols as the marker compounds of Chinese dark teas formed in the post–fermentation process provide significant antioxidative activity[J]. Food Chemistry,2014, 152.

[124] Meng X H, Zhu H T, Yan H, et al. C–8 N–ethyl–2–pyrrolidinone—substituted flavan–3–ols from the leaves of Camellia sinensis var. pubilimba[J]. Journal of Agricultural and Food Chemistry, 2018(27).

[125] Li X, Liu G J, Zhang W, et al. Novel flavoalkaloids from white tea with inhibitory activity against formation of advanced glycation end products[J]. Journal of Agricultural and Food Chemistry,2018(18).